Modell für ein rechnerunterstütztes Qualitätssicherungssystem gemäß DIN ISO 9000 ff.

Von der Fakultät Konstruktions– und Fertigungstechnik
der Universität Stuttgart zur Erlangung
der Würde eines Doktor–Ingenieurs (Dr.–Ing.)
genehmigte Abhandlung

vorgelegt von
Dipl.–Ing. Ulrich Lübbe
aus Wilhelmshaven

Hauptberichter: Prof. Dr.–Ing. Dr. h.c. Dr.–Ing. E.h. H.–J. Warnecke
Mitberichter: Prof. Dr. F. Schweiggert

Tag der Einreichung: 20. Oktober 1993
Tag der mündlichen Prüfung: 13. Dezember 1993

Ulrich Lübbe

Modell für ein rechnerunterstütztes Qualitätssicherungssystem gemäß DIN ISO 9000 ff.

Mit 59 Abbildungen

**Springer-Verlag
Berlin Heidelberg New York
London Paris Tokyo
Hong Kong Barcelona
Budapest 1994**

Dipl.-Ing. Ulrich Lübbe
Fraunhofer-Institut für Produktionstechnik und Automatisierung (IPA), Stuttgart

Prof. Dr.-Ing. Dr. h. c. Dr.-Ing. E. h. H. J. Warnecke
o. Professor an der Universität Stuttgart
Fraunhofer-Institut für Produktionstechnik und Automatisierung (IPA), Stuttgart

Prof. Dr.-Ing. habil. Dr. h. c. H.-J. Bullinger
o. Professor an der Universität Stuttgart
Fraunhofer-Institut für Arbeitswirtschaft und Organisation (IAO), Stuttgart

D 93

ISBN-13: 978-3-540-57831-4   e-ISBN-13: 978-3-642-47887-1
DOI: 10.1007/ 978-3-642-47887-1

Dieses Werk ist urheberrechtlich geschützt. Die dadurch begründeten Rechte, insbesondere die der Übersetzung, des Nachdrucks, des Vortrags, der Entnahme von Abbildungen und Tabellen, der Funksendung, der Mikroverfilmung oder der Vervielfältigung auf anderen Wegen und der Speicherung in Datenverarbeitungsanlagen, bleiben, auch bei nur auszugsweiser Verwertung, vorbehalten. Eine Vervielfältigung dieses Werkes oder von Teilen dieses Werkes ist auch im Einzelfall nur in den Grenzen der gesetzlichen Bestimmungen des Urheberrechtsgesetzes der Bundesrepublik Deutschland vom 9 September 1965 in der jeweils gültigen Fassung zulässig Sie ist grundsätzlich vergütungspflichtig Zuwiderhandlungen unterliegen den Strafbestimmungen des Urheberrechtsgesetzes
© Springer-Verlag, Berlin, Heidelberg 1994.
Softcover reprint of the hardcover 1st edition 1994
Die Wiedergabe von Gebrauchsnamen, Handelsnamen, Warenbezeichnungen usw. in diesem Werk berechtigt auch ohne besondere Kennzeichnung nicht zu der Annahme, daß solche Namen im Sinne der Warenzeichen- und Markenschutz-Gesetzgebung als frei zu betrachten wären und daher von jedermann benutzt werden dürften.

Sollte in diesem Werk direkt oder indirekt auf Gesetze, Vorschriften oder Richtlinien (z B. DIN, VDI, VDE) Bezug genommen oder aus ihnen zitiert worden sein, so kann der Verlag keine Gewähr für die Richtigkeit, Vollständigkeit oder Aktualität übernehmen. Es empfiehlt sich, gegebenenfalls für die eigenen Arbeiten die vollständigen Vorschriften oder Richtlinien in der jeweils gültigen Fassung hinzuzuziehen.

Gesamtherstellung: Copydruck GmbH, Heimsheim
SPIN· 10466478   62/3020-6 5 4 3 2 1 0

Geleitwort der Herausgeber

Über den Erfolg und das Bestehen von Unternehmen in einer marktwirtschaftlichen Ordnung entscheidet letztendlich der Absatzmarkt. Das bedeutet, möglichst frühzeitig absatzmarktorientierte Anforderungen sowie deren Veränderungen zu erkennen und darauf zu reagieren.

Neue Technologien und Werkstoffe ermöglichen neue Produkte und eröffnen neue Märkte. Die neuen Produktions- und Informationstechnologien verwandeln signifikant und nachhaltig unsere industrielle Arbeitswelt. Politische und gesellschaftliche Veränderungen signalisieren und begleiten dabei einen Wertewandel, der auch in unseren Industriebetrieben deutlichen Niederschlag findet.

Die Aufgaben des Produktionsmanagements sind vielfältiger und anspruchsvoller geworden. Die Integration des europäischen Marktes, die Globalisierung vieler Industrien, die zunehmende Innovationsgeschwindigkeit, die Entwicklung zur Freizeitgesellschaft und die übergreifenden ökologischen und sozialen Probleme, zu deren Lösung die Wirtschaft ihren Beitrag leisten muß, erfordern von den Führungskräften erweiterte Perspektiven und Antworten, die über den Fokus traditionellen Produktionsmanagements deutlich hinausgehen.

Neue Formen der Arbeitsorganisation im indirekten und direkten Bereich sind heute schon feste Bestandteile innovativer Unternehmen. Die Entkopplung der Arbeitszeit von der Betriebszeit, integrierte Planungsansätze sowie der Aufbau dezentraler Strukturen sind nur einige der Konzepte, die die aktuellen Entwicklungsrichtungen kennzeichnen. Erfreulich ist der Trend, immer mehr den Menschen in den Mittelpunkt der Arbeitsgestaltung zu stellen - die traditionell eher technokratisch akzentuierten Ansätze weichen einer stärkeren Human- und Organisationsorientierung. Qualifizierungsprogramme, Training und andere Formen der Mitarbeiterentwicklung gewinnen als Differenzierungsmerkmal und als Zukunftsinvestition in *Human Recources* an strategischer Bedeutung.

Von wissenschaftlicher Seite muß dieses Bemühen durch die Entwicklung von Methoden und Vorgehensweisen zur systematischen Analyse und Verbesserung des Systems Produktionsbetrieb einschließlich der erforderlichen Dienstleistungsfunktionen unterstützt werden. Die Ingenieure sind hier gefordert, in enger Zusammenarbeit mit anderen Disziplinen, z.B. der Informatik, der Wirtschaftswissenschaften und der Arbeitswissenschaft, Lösungen zu erarbeiten, die den veränderten Randbedingungen Rechnung tragen.

Die von den Herausgebern geleiteten Institute, das

- Institut für Industrielle Fertigung und Fabrikbetrieb der
  Universität Stuttgart (IFF),

- Institut für Arbeitswissenschaft und Technologiemanagement (IAT)

- Fraunhofer-Institut für Produktionstechnik und Automatisierung
  (IPA),

- Fraunhofer-Institut für Arbeitswirtschaft und Organisation (IAO)

arbeiten in grundlegender und angewandter Forschung intensiv an den oben aufgezeigten Entwicklungen mit. Die Ausstattung der Labors und die Qualifikation der Mitarbeiter haben bereits in der Vergangenheit zu Forschungsergebnissen geführt, die für die Praxis von großem Wert waren. Zur Umsetzung gewonnener Erkenntnisse wird die Schriftenreihe "IPA-IAO - Forschung und Praxis" herausgegeben. Der vorliegende Band setzt diese Reihe fort. Eine Übersicht über bisher erschienene Titel wird am Schluß dieses Buches gegeben.

Dem Verfasser sei für die geleistete Arbeit gedankt, dem Springer-Verlag für die Aufnahme dieser Schriftenreihe in seine Angebotspalette und der Druckerei für saubere und zügige Ausführung. Möge das Buch von der Fachwelt gut aufgenommen werden.

                              H.J. Warnecke   H.-J. Bullinger

Vorwort

Die vorliegende Dissertation entstand während meiner Tätigkeit als wissenschaftlicher Mitarbeiter am Fraunhofer–Institut für Produktionstechnik und Automatisierung (IPA), Stuttgart.

Herrn Professor Dr.–Ing. H.–J. Warnecke, dem ehemaligen Leiter dieses Institutes und jetzigen Präsidenten der Fraunhofer–Gesellschaft, danke ich für die großzügige Unterstützung und Förderung, welche die Durchführung dieser Arbeit ermöglichte.

Herrn Professor Dr. F. Schweiggert danke ich für die Übernahme des Koreferates, für seine Unterstützung, die eingehende Durchsicht der Arbeit und die wertvollen Hinweise, die sich daraus ergeben haben.

Viele meiner Kollegen haben mir durch ihre anregende Kritik, konstruktive Diskussionen, ihre wertvollen Ratschläge und ihre Hilfsbereitschaft bei der Erstellung der Arbeit sehr geholfen. Hierfür gilt mein Dank insbesondere den Herren Dr. rer. nat. Klaus Melchior, Dr.–Ing. Rainer Hummel, Christoph Mai, Andreas Robeck und Alexander Schloske.
Frau Andrea Marquart danke ich für das mehrfache mühevolle Korrekturlesen des Manuskriptes.

Mein besonderer Dank gilt meiner Ehefrau, Iris Lübbe, die meine Arbeit durch fortwährende Ermutigung und großes Verständnis, auch für die vielen Abende und Wochenenden, die ich am Institut verbracht habe, unterstützt hat.

Meinen Eltern, Agnes und Fritz Lübbe, danke ich dafür, daß sie die Voraussetzungen für alles, was ich erreicht habe, geschaffen haben, indem sie mich in allen Phasen meines bisherigen Lebens mit Vertrauen, Zuspruch, anerkennender Anteilnahme, ihren immer gut gemeinten Ratschlägen und stets tatkräftiger Hilfe unterstützten.

Stuttgart, Dezember 1993   Ulrich Lübbe

Inhaltsverzeichnis

1 Einleitung **12**
   1.1 Ausgangssituation und Problemstellung 16
      1.1.1 Qualitätssicherungssystem, Normung, Zertifizierung 16
      1.1.2 Methoden und Rechnerunterstützung der Qualitätssicherung 16
      1.1.3 Qualitätssicherungssysteme und Rechnerunterstützung 17
   1.2 Ziele, Aufgaben und Vorgehensweise 18
   1.3 Abgrenzungen 20

2 Die Produktentstehung und ihre Komponenten **21**
   2.1 Detaillierung des Produktentstehungsprozesses 21
      2.1.1 Modellierungsansätze 21
      2.1.2 Referenzmodell der Produktentstehung 23
   2.2 Komponenten der rechnerintegrierten Produktion 24
      2.2.1 Forschung und Produktentwicklung 25
      2.2.2 Marketing und Verkauf 26
      2.2.3 Beschaffung und Lagerhaltung 26
      2.2.4 Produktion 27
      2.2.5 Versand 28
   2.3 Integrationsmodelle und -konzepte 29

3 Rechnerunterstützte Qualitätssicherung CAQ **33**
   3.1 Rechnerunterstützte Methoden und Verfahren des Quality Engineering 33
      3.1.1 Quality Function Deployment (QFD) 34
      3.1.2 Fehlermöglichkeits- und -einflußanalysen (FMEA) 35
      3.1.3 Statistische Versuchsplanung 36
      3.1.4 Sicherheitsanalysen 38
      3.1.5 Zuverlässigkeitsberechnungen 39
   3.2 CAQ-Systeme 39
      3.2.1 Hardware-Konzepte 39
          3.2.1.1 Zentralisierte Datenverarbeitung 40
          3.2.1.2 Leitrechner-Prinzip 40
          3.2.1.3 Personal Computer Network 41
          3.2.1.4 Hierarchische Struktur 42
      3.2.2 Kommunikationsprinzipien 43
          3.2.2.1 Schnittstellen zu Systemen des CIM-Umfelds 43
          3.2.2.2 Kommunikations- und Integrationsstufen 44
          3.2.2.3 Systemkopplungen 45

3.2.3		Funktionale Merkmale	46
	3.2.3.1	Einsatzgebiete	46
	3.2.3.2	Leistungsmerkmale	48
	3.2.3.3	Funktionsweise	49
	3.2.3.4	Prüfplanung	50
	3.2.3.5	Prüfdatenerfassung	51
	3.2.3.6	Prüfdatenverarbeitung	52
	3.2.3.7	Qualitäts– und Prüfdatenauswertung	53
	3.2.3.8	Prüfmittelverwaltung und –überwachung	53

4 Qualitätssicherungssysteme und DIN ISO 9000 ff. 55

4.1 Grundlagen 55

    4.1.1 Zielsetzung und Aufgaben eines Qualitätssicherungssystems 55

    4.1.2 Die Normenreihe DIN ISO 9000–9004 58

        4.1.2.1 Entstehung 58

        4.1.2.2 Zertifizierung von Qualitätssicherungssystemen 58

4.2 Definition der CA–Fähigkeit von Aufgaben 58

4.3 Analyse der Forderungen aus der DIN ISO 9001 60

    4.3.1 Definitionen 60

    4.3.2 Klassifikation und Zuordnung der QS–Elemente 61

    4.3.3 Ableitung von Forderungen und Aufgaben 64

    4.3.4 Interpretation der Aufgabenstruktur 76

4.4 Bündelung der Funktionen zu Funktionsbereichen 79

4.5 Zusammenfassung (Kapitel 4) 81

    4.5.1 Zusammenfassung der Aussagen, Fazit 81

    4.5.2 Überleitung zu Kapitel 5 82

5 Konzept für ein rechnerunterstütztes Qualitätssicherungssystem 85

5.1 Zielsetzung und Detaillierungsgrad 85

5.2 Technische Voraussetzungen 86

    5.2.1 Rechner–Hardware, Betriebssystem und Peripherie 86

    5.2.2 Technische Kommunikation 87

    5.2.3 Datenhaltung 89

5.3 Organisatorische Voraussetzungen 90

    5.3.1 Numerierungssystem 90

    5.3.2 Personenidentifikation und Berechtigungen 90

5.4 Systemarchitektur 91

5.5	Systemkomponenten			94
	5.5.1	Administration des Systems		94
		5.5.1.1	Zeit- und Ereignissteuerung	95
		5.5.1.2	Ereignissteuerung	97
	5.5.2	Personalmanagement		98
	5.5.3	Kommunikation		99
	5.5.4	Verwaltung der qualitätsbezogenen Dokumentation		103
		5.5.4.1	Dokumentationsstruktur	104
		5.5.4.2	Änderungsdienst und Berechtigungen	106
		5.5.4.3	Vorgangsverwaltung	107
	5.5.5	Projektmanagement		107
	5.5.6	Informationsbereitstellung		110
	5.5.7	Fehlermanagement		111
	5.5.8	Lieferantenmanagement		116
	5.5.9	Interne Audits		118
	5.5.10	Prüfmittelüberwachung und -verwaltung		119
	5.5.11	Methoden des Quality Engineering		120
	5.5.12	Qualitäts- und Prüfplanung		123
		5.5.12.1	Qualitätspunkt, Prüfpunkt und Prüfplan	124
		5.5.12.2	Planung des Prüfumfanges	125
		5.5.12.3	Prüfmittelplanung	126
	5.5.13	Qualitätsprüfungen		127
	5.5.14	Qualitätsbezogene Kosten		129

6 **Bewertung der Ergebnisse und Zusammenfassung** **131**

6.1 Rahmenbedingungen 131

6.2 Realisierungsaspekte 132

6.3 Möglichkeiten und Grenzen des Modells 134

6.4 Nutzen und Wirtschaftlichkeit 135

6.5 Zusammenfassung 137

7 **Verzeichnisse** **141**

7.1 Verzeichnis der aus DIN ISO 9001 abgeleiteten Forderungen 141

7.2 Verzeichnis der verwendeten Abkürzungen 144

7.3 Verzeichnis der Literaturquellen 147

1 Einleitung

Qualität ist in den letzten Jahren zu einem Synonym für unternehmerischen Erfolg geworden. Dies hat folgende Gründe:

- Wertewandel und Wertezuwachs in unserer heutigen schnellebigen Zeit haben zu einer Verschiebung der Prioritäten der Bedürfnisbefriedigung geführt. Beschränkte Rohstoffvorräte, gestiegenes Umweltbewußtsein, strukturelle Schwächen des Arbeitsmarktes und letztendlich der hohe Lebensstandard haben zu der Ausprägung eines Qualitätsbewußtseins beigetragen, welches sich in einem geänderten Konsumentenverhalten ausdrückt.

- Das quantitative Wachstum der Nachkriegsepoche mit seinem Nachfrageüberhang ("Verkäufermarkt") ist in ein qualitatives Wachstum übergegangen, welches das letzte Jahrzehnt des 20. Jahrhunderts bestimmen wird und sich bereits seit einigen Jahren in einem Angebotsüberhang ("Käufermarkt") äußert.
Wurde der wirtschaftliche Aufschwung der Nachkriegszeit noch getragen von einem breiten gesellschaftlichen Konsens (Wohlstand als Ziel), so läßt sich heute im Zuge eines zunehmenden Individualismus beobachten, daß der Konsens verloren geht und dadurch die Anforderungen an die Industrie immer komplexer werden /26/.

- Globalisierung der Märkte, offene Grenzen, internationale Betätigung von Unternehmen führen zu steigender Angebotsvielfalt, die es dem Abnehmer von Produkten und Dienstleistungen erlaubt, andere Auswahlkriterien, als rein beschaffungsorientierte (Verfügbarkeit, Termine) anzuwenden.

- Der sogenannte "Beschaffungspatriotismus" hat starke Einbußen erlitten, nachdem in den letzten Jahren nach der billigen Massenware auch zunehmend Qualitätsprodukte aus dem Ausland, z.B. aus dem asiatischen Raum, auf den deutschen Markt kommen.
Manche Branchen, z.B. die Photoindustrie und die Unterhaltungs- und Mikroelektronik, haben diese Zeichen nicht rechtzeitig erkannt und sind fast gänzlich in die Hand ausländischer Anbieter geraten. Auch die deutsche Automobilindustrie und die Werkzeugmaschinenindustrie sind bereits stark in Bedrängnis geraten .

- Die dadurch entstandene Konkurrenzsituation ("Verdrängungsmarkt") hat nebenbei in vielen Bereichen zu einem Preisverfall geführt, wodurch der Faktor Preis ebenfalls an Bedeutung verloren hat. In einer Wohlstandsgesellschaft, wie der unsrigen, sind Abnehmer, vor allem Endverbraucher, bereits bereit, einen höheren Preis zu akzeptieren, wenn dadurch die Qualität, z.B. in bezug auf Zuverlässigkeit und Lebensdauer der Produkte, den gestiegenen Ansprüchen entspricht.

- Technische Systeme werden heutzutage immer komplexer und die Abhängigkeit des Menschen von diesen Systemen in bezug auf Leben und Gesundheit ist gleichzeitig stark gestiegen. Man denke hierbei nur an Systeme, wie Antiblockiersystem, Airbag, Kernkraftwerke, Hochgeschwindigkeitszüge, Flugzeuge etc., mit denen der Normalbürger in Berührung kommt, oder z.B. Computer-Software, deren zuverlässiges Funktionieren die Basis der Geschäftstätigkeit vieler Unternehmen darstellt und von welcher, z.B. in der Raumfahrt, ebenfalls Menschenleben abhängen. Es ist ganz natürlich, daß Qualität hier in der Anforderungsreihenfolge höchste Priorität besitzt.

- Gegenwärtig vollzieht sich ein Paradigmenwechsel in der Industrie, vom 'Moderato' zum 'Staccato', der durch Merkmale geprägt ist, wie steigende Innvovationsgeschwindigkeit, zunehmende Produktvielfalt mit einhergehendem Preisverfall, Aufwands- und Zeitminimierung, neue strategische Technologie-Allianzen von Konkurrenten, aufgeklärtere Konsumenten, mündige, qualifizierte und interessierte Mitarbeiter mit veränderten Wertvorstellungen und latent vorhandener und überall verfügbarer Information.

- Unsere heutige Zeit ist in fast jeder Beziehung schnellebiger und dynamischer geworden, was zu dazu führt, daß Konsumenten und Abnehmer angesichts des enormen Angebotes, mit dem sie konfrontiert werden, ihre Anforderungen schnell steigern und oft wechseln. Damit wird der Kunde für ein Unternehmen zu einem 'bewegten Ziel', welches mit herkömmlichen statisch ausgerichteten Denkweisen und Methoden nicht mehr anvisiert oder gar 'getroffen' werden kann.

  Das unternehmenszentrierte Denken und der sequentielle Taylorismus müssen daher der exakten (und vorausschauenden) Definition der Anforderungen des Kunden (kundenzentriertes Denken) und geeigneten und schnellen Methoden zur Umsetzung der Anforderungen in Produkte weichen.

Diese Gründe haben dazu beigetragen, daß das klassische Spannungsfeld zwischen Zeit (Terminen), Kosten und Qualität, in dem sich alle Unternehmen sehen, seinen Schwerpunkt sehr zugunsten der Qualität verschoben hat.

Qualität kristallisiert sich immer deutlicher als der bestimmende Wettbewerbsfaktor heraus und scheint das wichtigste Instrument zu werden, um den unternehmerischen Erfolg durch zufriedene Kunden für die Zukunft zu sichern.
Für ein Unternehmen bedeutet Qualität demnach /33/

- die Kundenzufriedenheit zu steigern,
- sich zum Wettbewerb und zu Konkurrenten zu differenzieren,
- Fehler und damit unnötige Kosten zu reduzieren,
- die Produktivität zu steigern,
- Marktanteile zu verteidigen und zu vergrößern sowie
- den Unternehmensgewinn zu vergrößern.

Sehr oft wird der Begriff "Qualität" lediglich auf die Qualität des Produktes bezogen.
Der Qualitätsbegriff hat sich jedoch in den letzten Jahren stark erweitert und beinhaltet praktisch alle Tätigkeiten, Funktionen und Bereiche innerhalb eines Unternehmens, denn die Qualität, mit welcher der Kunde konfrontiert wird umfaßt u.a. auch

- die Erfüllung seiner ausgesprochenen (artikulierten) und vor allem auch seiner nicht formulierten (vgl. /33/) (Produkt-)Anforderungen,
- die Dienstleistungen zur Installation, Pflege/Wartung und Entsorgung des Produktes (Beispiel: Entsorgungsgarantie des Volkswagen–Konzerns),
- die Einhaltung von Lieferterminen und Preiszusagen,
- die Abwicklung der administrativen Vorgänge in Verbindung mit dem Erwerb des Produktes (z.B. Bestellung, Rückfragen, Rechnungsstellung etc.) und
- die Betreuung nach dem Erwerb des Produktes
  (z.B. Reklamationen, Kundendienst, Reparaturen, Ersatzteilversorgung etc.).

Die genannten Punkte beziehen sich auf die *externe* Qualität, d.h. auf die Qualität zum Kunden hin. Im Zuge der Abkehr vom Taylorismus sind jedoch auch andere *Qualitäten* für ein Unternehmen von entscheidender Bedeutung:

- Die Arbeitsqualität, d.h. die Qualität als Attribut der persönlichen Arbeit eines jeden Mitarbeiters,
- die Qualität der Prozesse, d.h. die konsequente Ausrichtung aller Prozesse (Fertigungs–, Verwaltungs–, Kommunikationsprozesse etc.) innerhalb eines Unternehmens auf Effizienz und Qualität, und letztendlich

- die Unternehmensqualität, welche die qualitätsorientierte Ausrichtung aller Funktionen, Tätigkeiten, Bereiche und Mitarbeiter im Sinne eines *Total Quality Managements* darstellt und eine ständige Verbesserung in allen Bereichen zum Inhalt hat.

Dabei kann man davon ausgehen, daß hochwertige Produkte das selbstverständliche Ergebnis eines unternehmensweiten Qualitätsdenkens und entsprechender Vorgehensweisen darstellen.

Die Aufgaben, die sich aus dem erweiterten Qualitätsbegriff für die Unternehmen ergeben, sind komplex und vielschichtig.
Die Realisierung bekannter Erfolgsfaktoren (vgl. /30/), wie z.B.

- Verkürzung von Innovationszeiten von der Idee zum Produkt,
- Reduzierung von Lieferfristen und Lagerhaltung (Just–in–Time),
- Steigerung der Flexibilität und der Produktivität sowie
- die kontinuierliche Verbesserung der Qualitätsfähigkeit der gesamten Produktion

erfordert neben modernen Organisations– und Führungsstrukturen (Qualitätsmanagement) die konsequente und zielgerichtete Anwendung bekannter Methoden und Verfahren des Quality Engineering, die Erschließung anerkannter und neuer Ressourcen zur Verbesserung der Produktion sowie eine neue unternehmensweite Definition des Qualitätsbegriffes und dessen Implementierung. *Qualität* /74/ und *Information* /44/ sind dabei als Schlüsselfaktoren erkannt und intensiv diskutiert worden /30/.

Diese Forderungen lassen sich unter dem Begriff 'Total Quality Management (TQM)' zusammenfassen, der auf den folgenden vier Säulen beruht:

- Organisatorische Rahmenbedingungen,
- Personelle Rahmenbedingungen,
- Technische Rahmenbedingungen und
- Methoden und Instrumente.

Insbesondere die organisatorischen und technischen Rahmenbedingungen sowie die Methoden und Instrumente haben bei der Realisierung rechnerunterstützter Qualitätssicherungssysteme eine große Bedeutung.

Die organisatorischen Rahmenbedingungen beziehen sich auf die Aufbau– und Ablauforganisation des Unternehmens, innerhalb welcher sichergestellt werden muß, daß aus rein organisatorischen Gesichtspunkten heraus Qualitätsarbeit geleistet werden kann.
Dies umfaßt

- Die Identifikation und Definition von abteilungs– und bereichsübergreifenden Prozessen ("Prozeßdenken") und Subprozessen, welche die Bestandteile der täglichen Arbeit darstellen und damit die Basis für eine effektive Prozeßüberwachung sind.
- Definition der Schnittstellen zwischen diesen Prozessen mit dem Ziel, interne Lieferanten–Abnehmer–Verhältnisse zu identifizieren, diese mit qualitativen Vorgaben und Forderungen zu versehen und die Verantwortlichkeit für die Qualität der geleisteten Arbeit festzulegen. Dies ist der Übergang von einer funktionalen zu einer auftrags– bzw. prozeßorientierten Arbeitsteilung.
- Reintegration von Aufgaben und von Qualitätsverantwortung in die ergebnisproduzierenden Bereiche, d.h.
  - einbinden des Managements auf allen Ebenen in die Qualitätsverantwortung,
  - einführen des Prinzips der Selbstprüfung, d.h. tatsächliche Realisierung der Aussage "Jeder ist selbst für die Qualität der eigenen Arbeit verantwortlich",
  - reduzieren übergeordneter Kontrollmechanismen auf ein notwendiges Maß.

- einsetzen eines oder mehrerer "TQM-Koordinatoren", die, ausgestattet mit der notwendigen Kompetenz und Qualifikation, den TQM-Prozeß aktiv vorantreiben.
- einführen von Teamkonzepten zur Einbindung und Aktivierung aller Mitarbeiter.

Erst geeignete Methoden, Verfahren und Hilfsmittel versetzen den Mitarbeiter in die Lage, qualitativ hochwertige Arbeit entsprechend seiner Qualifikation zu leisten. Hierzu gehören u.a.

- Qualitätsstandards im Sinne von Maßzahlen und Kosten. Gemäß der Maxime "Spezifizierte Vorgaben erlauben nachprüfbare Ergebnisse" müssen Qualitätsziele definiert werden, die bei Erreichen Anerkennung, Befriedigung und Motivation nach sich ziehen und bei nicht Erreichen als Ansporn, Bedürfnis nach Leistungssteigerung und damit wiederum zur Motivation dienen. Qualität verläßt erst dann die Ebene der philosophischen Dimension, wenn sie meßbar wird.
- Qualitätsstandards im Sinne von Orientierungshilfen, z.b. in Form schriftlich fixierter Abläufe, Verfahren, Verantwortlichkeiten, Kompetenzen, Zuständigkeiten etc. Dies geschieht im allgemeinen durch die Dokumentation von Aufbau- und Ablauforganisation im Rahmen eines Qualitätssicherungshandbuches.
- Instrumente, um den Kunden und seine Bedürfnisse und Erwartungen besser und genauer einschätzen zu können, diese Anforderungen auf die eigene Arbeit zu übertragen (übersetzen) und damit den Kunden besser zufriedenstellen zu können (z.b. Quality Function Deployment, QFD).
- Analyse- und Problemlösungstechniken, um Projekte zielgerichtet und präventiv qualitätssichernd durchzuführen (z.b. Fehlermöglichkeits- und -einflußanalyse, Fehlerbaum- und Störfallablaufanalyse, multivariante Analysen, Zuverlässigkeitsanalysen, Diagrammtechniken, Brainstorming etc.).
- Moderationstechniken für unterschiedliche Formen der Gruppenarbeit.
- Rechnerunterstützung für verschiedene Aufgabengebiete.

Die vorhandenen technischen Rahmenbedingungen unterstützen den Mitarbeiter in seiner Arbeit, vereinfachen und Rationalisieren Tätigkeiten und Funktionen, automatisieren (zeit-)aufwendige und fehlerträchtige Tätigkeiten und stellen, z.b. in Form geeigneter Hard- und Software, Instrumente zur Verfügung, welche die effektive und effiziente Erfüllung von Aufgaben erst ermöglichen. Vor allem hinsichtlich des innerhalb und außerhalb des Unternehmens in den letzten Jahren enorm gestiegenen Informationsbedarfes (und Informationsangebotes) sind rechnerunterstützte Lösungen auf vielen Anwendungsgebieten die einzige Möglichkeit, die anfallenden Informationsmengen zu bewältigen.

Moderne Software-Technologie, leistungsfähige Rechner und flexible Kommunikationstechnik stellen heute die notwendigen Möglichkeiten bereit, um unternehmensintern und -übergreifend Informationen jeglicher Art rationell zu erfassen, bedarfsorientiert zu verarbeiten, zielgruppenorientiert zu verteilen und verfügbar zu machen sowie entsprechend der jeweiligen Anforderungen sicher und wiederverwendbar zu speichern.

1.1 Ausgangssituation und Problemstellung

1.1.1 Qualitätssicherungssystem, Normung, Zertifizierung

Neben den Anforderungen an die Produktqualität richten sich die Anforderungen von Kunden heute zunehmend an das Qualitätssicherungssystem des Produktherstellers. Eine qualitätsorientierte und -optimierte Organisation wird dabei als Voraussetzung für die Fähigkeit des Produktherstellers angesehen, gleichbleibend qualitativ hochwertige, den Anforderungen genügende, Produkte zu angemessenem Preis und in vereinbarter Zeit und Menge herstellen und liefern zu können.

Die Begutachtung und Beurteilung des Qualitätssicherungssystems eines Zulieferers, das sogenannte (System-)Audit, erfolgt entweder durch den Abnehmer auf der Grundlage interner Vorgehens- und Bewertungsrichtlinien des Abnehmers ("Second Party") oder durch eine neutrale Stelle ("Third Party") auf Basis der in der Norm (DIN) ISO 9001–9003 bzw. der wortgleichen EN 29001–29003 /53, 54, 55/ enthaltenen Forderungen.
Die erfolgreiche Auditierung des Qualitätssicherungssystems, d.h. dessen Erfüllung der Anforderungen gemäß der o.g. Normen, durch eine neutrale Stelle (Zertifizierungsstelle) wird durch ein entsprechendes Zertifikat bescheinigt. Dieses Zertifikat ist mittlerweile auf internationaler Ebene zu einem der wichtigsten Auswahlkriterien für Lieferanten und auf nationaler Ebene zu einem Verkaufsargument und Marketinginstrument geworden.

Um eine solche Zertifizierung zu erreichen, müssen viele Unternehmen ihre Organisation, teilweise grundlegend, ändern, anpassen und vor allem dokumentieren, um den Normenanforderungen zu genügen. Die oben genannten Normen stellen im wesentlichen globale (branchen- und produktunabhängige) Forderungen auf, zu deren unternehmensspezifischer Interpretation und Umsetzung eine Vielzahl deutscher Unternehmen zur Zeit größte Anstrengungen unternimmt.

1.1.2 Methoden und Rechnerunterstützung der Qualitätssicherung

Die rechnerunterstützte Qualitätssicherung hat sich aus zwei Richtungen heraus entwickelt. Einerseits bestand die Notwendigkeit, Prüfdaten und Meßwerte zu erfassen, statistisch auszuwerten und an verschiedene Stellen zu berichten. Andererseits war die traditionelle Hauptaufgabe der Qualitätssicherung, das Prüfen zu planen und zu steuern und zwar sowohl für fertigungsbegleitende Prüfungen (z.B. SPC) als auch für Abnahmeprüfungen (z.B. Wareneingangsprüfungen) /33, 34, 35, 36, 38/.
Man suchte nach neuen Wegen, die Anforderungen der Kunden bezüglich der Produktqualität und deren Dokumentation zu befriedigen. Dadurch, daß gleichzeitig auch der allgemeine Bedarf an Informationen über das Qualitätsgeschehen, sowohl innerhalb eines Unternehmens, als auch von Kundenseite, gestiegen ist, und damit auch der Umfang der zu erfassenden und zu verarbeitenden Daten, lag es nahe, für solche Aufgaben rechnerunterstützte Lösungen zu suchen.

Daraufhin entstanden Insellösungen innerhalb der Qualitätssicherung, die zwar für sich funktionierten und die angestrebten kurzfristigen Ziele erreichen ließen, jedoch weder untereinander, noch mit anderen innerbetrieblichen EDV-Systemen koppelbar waren. Ein Daten- und Informationsaustausch zwischen verschiedenen Systemen war somit nicht möglich.

Erst die Erkenntnis, daß Qualitätsdaten in großem Zusammenhang und bereichsübergreifend gesehen werden müssen und daß die Qualitätssicherung in fast alle planenden und ausführenden Bereiche eines Unternehmens hineinreicht, hat zur Entstehung von rechnergestützten Qualitätssicherungs- und Informationssystemen, kurz "CAQ-Systemen", geführt.

Am Markt erhältliche CAQ (=Computer Aided Quality Assurance)–Systeme sind auf diese Aufgaben ausgerichtet. Neuere Methoden wie QFD oder FMEA kommen als eigenständige oder integrationsfähige Module hinzu. Die unternehmensweite Aufgabe des Qualitätsmanagements hat dazu beigetragen, daß CAQ– Funktionen in anderen betrieblichen DV–Systemen (CAD/CAM, PPS) erforderlich wurden und standardisierte Schnittstellen zum Austausch von Qualitätsdaten entwickelt werden.

1.1.3 Qualitätssicherungssysteme und Rechnerunterstützung

Um den Anforderungen der Normen DIN ISO 9000 ff. zu genügen, müssen innerhalb eines Unternehmens entsprechende aufbau– und ablauforganisatorische Voraussetzungen geschaffen werden (siehe Abschnitt 1.1.1).

Innerbetriebliche, bereichs– bzw. aufgabenspezifische EDV–Systeme (CA–Systeme, "Computer Aided ..."), darunter auch CAQ–Systeme (siehe Abschnitt 1.1.2), verschiedenster Funktionalität sind in den Unternehmen im Einsatz und unterstützen die Mitarbeiter in den bereichsbezogenen Aufgaben und Tätigkeiten. Die aufbau– und ablauforganisatorischen Funktionen und Aufgaben, die sich aus der normenkonformen Realisierung eines Qualitätssicherungssystems ergeben, beziehen sich jedoch nahezu auf alle Bereiche eines Unternehmens und sind damit auch CA–systemübergreifend zu sehen, wobei herkömmliche CAQ–Systeme nur einen relativ geringen Teil der funktionalen Anforderungen abdecken (vgl. Bild 1).

Dolch/Winterhalder /7/ stellen fest, daß der CAQ–Anteil zur Abdeckung der Normanforderungen aus DIN ISO 9001 heute lediglich 25 % ausmacht und daß somit 75 % der Anforderungen typischerweise in anderen CAx–Systemen abgedeckt werden können.

	Normenelemente nach DIN ISO 9001	CAQ	PPS und BDE	CAD	CAE	CAM	andere	Anteil von CAQ zur Norm–Erfüllung ISO 9001 in %
(1)	Managementaufgaben	●	●	●	●		●	5
(2)	Qualitätssicherungssystem	●					●	5
(3)	Vertragsüberprüfung	●	●		●	●	●	5
(4)	Entwicklung	●	●	●	●		●	20
(5)	Dokumentation	●	●	●	●	●	●	20
(6)	Beschaffung	●	●				●	50
(7)	Beigestellte Produkte	●	●				●	50
(8)	Kennzeichnung und Rückverfolgbarkeit	●	●	●	●	●	●	10
(9)	Produktion	●	●			●	●	40
(10)	Qualitätsprüfungen	●	●			●	●	80
(11)	Prüfmittelüberwachung	●	●				●	80
(12)	Prüfzustand	●					●	10
(13)	Behandlung fehlerhafter Einheiten	●	●				●	10
(14)	Korrekturmaßnahmen	●	●	●			●	10
(15)	Umgang mit Produkten Lagerung, Verpackung, Versand	●	●				●	5
(16)	Qualitätsaufzeichnungen	●	●				●	80
(17)	Interne Qualitätsaudits	●						10
(18)	Schulung	●					●	0
(19)	Kundendienst	●					●	15
(20)	Statistische Verfahren	●					●	20

Bild 1: Zuordnung der Normelemente nach DIN ISO 9001 zu CAx–Systemen und CAQ–Anteil /7/

Die momentane Situation der (rechnerunterstützten) Qualitätssicherung ist wie folgt zusammenzufassen:

- ♦ Es existieren auf dem Markt Software–Systeme für die rechnerunterstützte Qualitätssicherung (CAQ–Systeme), die jedoch
  - in ihrer Funktionalität und ihren Einsatzbereichen nicht den gesamten Lebenszyklus eines Produktes abdecken (siehe Abschnitt 2.1),
  - nur einen Teil der qualitätssichernden Funktionen und Aufgaben, hauptsächlich im operativen Bereich, unterstützen und damit nicht die Funktionalität besitzen, die den Anforderungen eines erweiterten Qualitätsbegriffes gerecht wird (siehe Abschnitte 3.1, 3.2.1 und 3.2.3) und
  - nicht oder nur sehr ungenügend und ineffektiv mit anderen betrieblichen EDV–Systemen zusammenarbeiten können (siehe Abschnitt 3.2.2).
- ♦ Neben der Produktqualität ist in letzter Zeit die Qualität der Organisation, das Qualitätssicherungssystem, in den Mittelpunkt des Interesses von Abnehmern gerückt. Die Forderungen der diesbezüglichen Normen DIN ISO 9000 ff. bzw. EN 29000 ff. (siehe Abschnitte 4.1 und 7.1) beziehen sich auf das gesamte Qualitätssicherungssystem eines Unternehmens, zu dem als integraler (und ebenfalls zertifizierbarer) Bestandteil auch das CAQ–System gehört. Heutige CAQ–Systeme
  - tragen jedoch größtenteils nicht zur (vollständigen) Erfüllung der Normenforderungen bei und
  - unterstützen den Aufbau, die Aufrechterhaltung und die im Zusammenhang mit einem normenkonformen Qualitätssicherungssystem anfallenden Aufgaben nicht oder nur ungenügend.
- ♦ Der Produktlebenszyklus spiegelt sich in der (historisch gewachsenen) Funktionalität der vorhandenen innerbetrieblichen DV–Systeme wieder. Ein normenkonformes Qualitätssicherungssystem bezieht sich ebenfalls auf den gesamten Lebenszyklus eines Produktes. Daher müssen (und können) diese DV–Systeme ihren jeweiligen Anteil zur Erfüllung der Normenforderungen beitragen (siehe Abschnitt 2.2).
- ♦ Die Leistungsfähigkeit sowohl von Hardware als auch der Software(technik) ist in den letzten Jahren stark gestiegen und eröffnet damit (im Rahmen eines rechnerunterstützten Qualitätssicherungssystems) ganz neue Möglichkeiten zur Realisierung von Funktionen und der innerbetrieblichen Kommunikation.

1.2 Ziele, Aufgaben und Vorgehensweise

Die Ziele der vorliegenden Arbeit bestehen darin, ein funktionales und informationstechnisches (Software–) Modell für ein rechnerunterstütztes Qualitätssicherungssystem zu entwickeln, welches in Kooperation mit anderen innerbetrieblichen DV–Systemen die Anforderungen an ein normenkonformes Qualitätssicherungssystem erfüllt und dieses unterstützt.

Dabei sollen moderne Software– und Kommunikationstechniken zur Anwendung kommen, um größtmögliche Integrationsfähigkeit und Flexibilität hinsichtlich unternehmensspezifischer Anforderungen zu gewährleisten.

Obwohl der Modellentwicklung der präzise Entwurf eines in Entwicklung befindlichen Software–Systems zugrundeliegt, sollen die Software–bezogenen Ausführungen so gestaltet werden, daß sie sich auch auf die Realisierung anderer Systeme beziehen lassen.

Die Aufgaben und die Vorgehensweise, die sich aus dieser Zielsetzung ergeben, sind folgende:

Der Produktentstehungsprozeß wird analysiert, detailliert und in Aufgaben bzw. Funktionen gegliedert, die normalerweise in Unternehmen anzutreffen sind.

Typische innerbetriebliche rechnerunterstützte Systeme (Komponenten der rechnerintegrierten Produktion) werden auf die von ihnen wahrgenommenen Funktionen (Einsatzgebiete) sowie auf möglicherweise in bezug auf die Normenforderungen abdeckbare Aufgaben hin analysiert und den Phasen des Produktentstehungsprozesses zugeordnet. Dabei wird auch der kombinierte Einsatz dieser Systeme, d.h. ihr funktionales und datentechnisches Zusammenwirken betrachtet.

Wichtige rechnerunterstützte Methoden und Verfahren des Quality Engineering werden kurz beschrieben und bezüglich ihres Einsatzbereiches und der Einsatzbarkeit innerhalb der einzelnen Phasen des Produktentstehungsprozesses analysiert.

Funktionalität sowie Hardware-Konfigurations- und Kommunikationsprinzipien heutiger CAQ-Systeme werden, basierend auf einer Markterhebung, dargestellt, um den diesbezüglichen Stand der Technik sowie die daraus resultierenden Defizite in bezug auf normenkonforme Qualitätssicherungssysteme und deren Rechnerunterstützung aufzuzeigen.

Die Grundlagen eines Qualitätssicherungssystems auf der Basis der Normen DIN ISO 9000 ff. bzw. EN 29000 ff. werden beschrieben und die Forderungen dieser Normen werden interpretiert, nach Anwendungsbereichen klassifiziert, als Funktionen und Aufgaben dargestellt und letztlich zu Aufgaben- bzw. Funktionsbereichen zusammengefaßt, die dem Produktentstehungsprozeß zugeordnet werden.

Im letzten Schritt wird dann schrittweise das Software-Modell eines rechnerunterstützten Qualitätssicherungssystems entwickelt, welches, unter Verwendung moderner Software-Technologie, neben den allgemeinen operationellen Funktionen heutiger CAQ-Systeme die zuvor definierten Funktionsbereiche eines normenkonformen Qualitätssicherungssystems abdeckt, soweit eine Rechnerunterstützung sinnvoll ist.

Grundlage dieses Software-Modells bildet neben den Methoden und Verfahren der Qualitätssicherung die logische, funktionale und datentechnische Kommunikation, um die Verfügbarkeit geeigneter Informationen an jedem Ort, in jeder Funktion und für jeden Anwender situations- und anwendungsgerecht auch über bestehende Systemgrenzen hinweg sicherzustellen. Dabei findet eine Abkehr von der sequentiellen informationstechnischen Verknüpfung von CIM-Komponenten mit jeweils einer Schnittstelle zwischen zwei Komponenten zugunsten einer 'verteilt-zentralen' Datenhaltung mit 'sternförmiger' Bereitstellung von Informationen und flexiblen, adaptierbaren Datenschnittstellen in Richtung der 'zentralen Information' statt.

Die sich dabei ergebende Komplexität des Systems bedingt die konsequente Anwendung des Schichtenprinzips ("Layering") sowie von Client-Server-Prinzipien unter exakter Definition von Dienste-Anbietern und Dienste-Nutzern und der dazwischen liegenden Schnittstellen.

Im Rahmen der Arbeit soll die Beschreibung der generellen Struktur des Systems und des Zusammenwirkens ihrer Komponenten vorgenommen werden, ohne jedoch die Aspekte der Realisierung der Normenforderungen durch funktionale Systembestandteile und deren Kommunikation mit anderen Systemen stärker, als zum Verständnis notwendig, durch Software-Details zu verwischen.

1.3 Abgrenzungen

Die (An-)Forderungen der Normenreihe DIN ISO 9000 ff. sind branchen- und produktunabhängig und so global formuliert, daß für jedes Unternehmen, abhängig von Organisation, Produktspektrum und Seriengröße, Produktionsprozessen sowie angewandter und produzierter Technologie, ein großer Realisierungsspielraum besteht.

Die Ausführungen dieser Arbeit werden daher auf folgende Anwendungsgebiete eingegrenzt:

- Diskrete Fertigung (stückgutorientiert), Prozeßindustrie (kontinuierliche Prozesse), gemischt diskrete/kontinuierliche Produktion
- kleine, mittlere und große Serien, hauptsächlich in Eigenfertigung und Montage, (keine Einzelfertigung, keine reine (ausschließliche) Montage)
- Fertigung/Montage im eigenen Hause bis zur Auslieferung des fertigen Produktes (keine Baustellenfertigung oder -montage)
- Unternehmen, die nach DIN ISO 9001 beurteilt werden, d.h. über alle Produktentstehungsphasen von der Entwicklung bis zum Kundendienst verfügen,
- Unternehmen, die klassische Aufgabenbereiche, wie z.B. Finanz- und Rechnungswesen, nicht ausgegliedert, d.h. fremdbeauftragt haben.

Gegenstand und Ziele der Arbeit sind *nicht*,

- die Normen DIN ISO 9000 ff. bzw. EN 29000 ff. für die organisatorische Anwendung und Umsetzung in kleinen, mittleren /12/ oder großen Unternehmen zu interpretieren (siehe hierzu: /12/),
- das n+1-te Produkt-, Produktions- oder Qualitätsdatenmodell aufzustellen,
- das m+1-te CIM-Modell zu entwickeln,
- innerbetriebliche rechnerunterstützte Systeme für sich (einzelsystembezogen) zu analysieren, zu beschreiben oder funktional zu ergänzen,
- rechnerunterstützte Methoden und Verfahren der Qualitätssicherung zu definieren oder weiterzuentwickeln.

Die Ausführungen in den Kapiteln 2 und 3 berücksichtigen nicht die besonderen Anforderungen, die sich aus den Normen DIN ISO 9004 Teil 2 (/57/, Dienstleistungen) und DIN ISO 9000 Teil 3 (/52/, Software) ergeben und sind zudem aufgrund der fertigungstechnischen Ausrichtung auf Dienstleistungsunternehmen und Software-Produzenten nur eingeschränkt anwendbar. Allerdings stellt die Norm DIN ISO 9001 /53/ auch für letztgenannte Branchen die Basis der Auditierung und Zertifizierung des Qualitätssicherungssystems dar, so daß die darauf basierenden übrigen Kapitel, insbesondere auch das Software-Konzept, auch auf die 'Produktion' von Dienstleistungen oder Software übertragbar sind.

Ziel der Arbeit ist es, modellhaft aufzuzeigen, wie rechnerunterstützbare Teilaspekte eines normenkonformen Qualitätssicherungssystems gemäß DIN ISO 9000 ff. effektiv und sinnvoll durch ein System der rechnerunterstützten Qualitätssicherung in funktionaler und informationstechnischer Kommunikation mit anderen vorhandenen DV-Systemen abgedeckt bzw. unterstützt werden können.

Bekannte und in CAQ-Systemen bereits zufriedenstellende Funktionen gehören zwar zum Umfang des beschriebenen Software-Modells, sollen jedoch nicht weiter betrachtet werden. Die in bezug auf die Normenkonformität definierten Funktionsbereiche werden lediglich funktional beschrieben und, soweit es zum Verständnis interner und externer Integration notwendig ist, durch schematisierte Datenmodelle erklärt.

2 Die Produktentstehung und ihre Komponenten

2.1 Detaillierung des Produktentstehungsprozesses

Sowohl für die Zuordnung von Aufgaben/Funktionen als auch von (rechnerunterstützten) Methoden und Verfahren ist es sinnvoll, den Produktentstehungsprozeß bzw. den Produktzyklus (Entstehungsprozeß + Produkteinsatz und Entsorgung) in einzelne Schritte bzw. Phasen zu untergliedern.

Im Hinblick auf eine Rechnerunterstützung stehen dabei

♦ die (operationellen) Phasen in Entstehung, Nutzung und Entsorgung des Produktes,
♦ die dazu benötigten Informationsflüsse und
♦ die eingesetzten rechnerunterstützten Systeme

in sehr engem gegenseitigen Zusammenhang.

Entsprechend gibt es mehrere Ansätze, von denen nachfolgend beispielhaft vier Ansätze vorgestellt werden sollen, die sich unterscheiden

♦ in ihrem Detaillierungsgrad (Anzahl und funktionale Ausdehnung der Phasen),
♦ in der Betrachtung von Tätigkeiten/Funktionen, Ergebnissen oder Funktionseinheiten des Unternehmens,
♦ im Grad ihrer Produkt– bzw. Auftragsbezogenheit,
♦ im Grad ihrer Ablauf– (Funktions–) bzw. EDV–Systembezogenheit und
♦ in ihrer technischen bzw. betriebswirtschaftlichen Sichtweise.

2.1.1 Modellierungsansätze

Das folgende Modell /84, 88/ stellt das CAD–System als Basis und Ausgangspunkt für einen effektiven technischen Informationsfluß dar und stellt diesem den vom PPS–System geprägten organisatorischen Informationsfluß gegenüber (Bild 2).

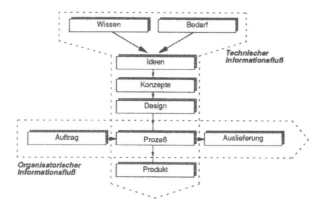

Bild 2: Technischer und organisatorischer Informationsfluß im Betrieb /84, 88/

Während dieses Modell den übergeordneten (schematisierten) Informationsfluß in den Vordergrund stellt, sind die einzelnen Produktlebenszyklusphasen jedoch nicht in dem Maße erkennbar, wie es die Zuordnung von Aufgaben und Funktionen gemäß der Forderungen der DIN ISO 9000 ff. erfordert.

Ein wichtiger Aspekt wird jedoch deutlich: Es wird klar getrennt zwischen den auf das Produkt als Entwicklungsgegenstand bezogenen Aufgaben (vertikal) und jenen, die auf das Produkt als betriebswirtschaftlicher Gegenstand zur Erzielung von Umsatz gerichtet sind (horizontal). Die Qualitätssicherung als Querschnittsaufgabe geht aus diesem Modell jedoch nicht hervor.

Scheer /75/ und in leicht abgewandelter Form auch Mertens /43/ machen dieselbe Unterscheidung, wie im zuvor genannten Modell, allerdings wird hier terminologisch zwischen

- primär betriebswirtschaftlich planerischen Funktionen und
- primär technischen Funktionen

unterschieden, die als stark parallelisierte Zweige dargestellt werden (vgl. Bild 3).

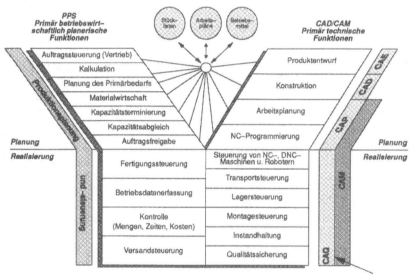

Bild 3: Informationssysteme im Produktionsbereich, "Y-Modell", (/75/)

In Bild 3 fällt auf,
- daß die Qualitätssicherung allein den primär technischen Funktionen zugeordnet wird,
- daß die Qualitätssicherung in der zeitlichen Abfolge, nach welcher diese Darstellung erkennbar aufgebaut ist, an letzter Stelle angesiedelt ist und
- daß Qualitätssicherung und CAQ einander eineindeutig zugeordnet sind.

Alle drei Tatsachen widersprechen dem erweiterten Qualitätsbegriff, der zwangsläufig Auswirkungen auch auf unterstützende EDV-Systeme und die von ihnen wahrgenommenen Aufgaben und Funktionen hat. Dies bestätigen auch die Definitionen /2/ des "Ausschuß für Wirtschaftliche Fertigung e.V. (AWF), Eschborn", die in Anlehnung an das "Y-Modell" (Bild 3) erarbeitet wurden und die Qualitätssicherung als eine den gesamten Produktionsprozeß begleitende Funktion darstellen.

Hahn/Laßmann /21/ stellen den Produktlebenszyklus vom Auftrag bzw. der Anfrage bis zur Auslieferung an den Kunden in Form dreier überlappender Zyklen dar.

Dabei unterscheiden sie /21/ zwischen der Auftragsabwicklung
- bei Massenproduktion,
- bei Einzelproduktion und
- im Anlagengeschäft.

Dieses Modell ist eindeutig betriebswirtschaftlich/logistisch geprägt und berücksichtigt qualitätssichernde Aufgaben nicht.

Nach Geiger /14/ ist es von elementarer Bedeutung zum Verständnis der gesamten Qualitätsterminologie, zwischen
- Tätigkeiten und
- Ergebnissen von Tätigkeiten zu unterscheiden.

Darin unterscheiden sich auch die Qualitätskreise, wie sie in den Normen DIN 55350 Teil 11 /49/ und DIN ISO 9004 /56/ dargestellt und durch die Begriffsdefinitionen für "Qualitätselement" (DIN 55350) und "Qualitätssicherungselement" (DIN ISO 9004) definiert sind (Bild 4).

Bild 4: Gegenüberstellung der Qualitätskreise nach DIN ISO 9004 (links) und DIN 55350 Teil 11 (rechts)

Daneben existieren diverse weitere Varianten von Qualitätskreisen (z.B. /63, 89/), die sich jedoch lediglich bezüglich des Detaillierungsgrades und der verwendeten Terminologie unterscheiden. Obwohl sich diese Qualitätskreise in Details unterscheiden, läßt sich aus ihnen ein möglichst detailliertes, jedoch gleichzeitig ausreichend allgemeingültiges Referenz–Vorgangsmodell für den Produkt(entstehungs)zyklus entwickeln, das als Basis für die nachfolgenden Ausführungen dienen soll.

2.1.2 Referenzmodell der Produktentstehung

Die (beispielhaft) dargestellten Ansätze spiegeln wieder, welche verschiedenen Sichtweisen des Produktzyklus' existieren. Für die in dieser Arbeit verfolgten Ziele muß ein Modell verwendet werden, das folgende Kriterien erfüllt:
- Berücksichtigung aller produkt- und auftragsbezogenen Produktlebenszyklusphasen.
- Detaillierung so weit, daß sich ein weitgehend allgemeingültiges Modell mit Zusammenfassung von Aufgaben/Funktionen zu Bereichen mit definiertem In- und Output ergibt.
- Beschränkung auf Aufgaben/Funktionen mit direkter Produkt-/Prozeßqualitätsrelevanz.

- Beschränkung auf direkt von Forderungen der DIN ISO 9000 ff. betroffe Bereiche.
- Benennung der Phasen unter Berücksichtigung der Terminologie der DIN ISO 9000 ff.

Die Qualitätskreise nach DIN ISO 9004 und DIN 55350 (Bild 4) erfüllen alle diese Kriterien und sollen miteinander kombiniert und als sequentielle Abfolge dargestellt im folgenden als Referenzmodell (Bild 5) dienen.

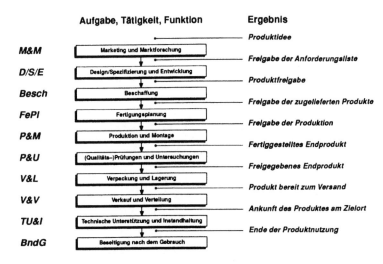

Bild 5:   Referenzmodell der Produktentstehung (und Verwendung/Entsorgung)

Da die Zuordnung von Aufgaben, Tätigkeiten oder Funktionen zu einzelnen Bereichen des Unternehmens (z.B. Marketing, Vertrieb, Produktion etc.) definitorisch nicht allgemeingültig möglich ist und zudem in nahezu jedem Unternehmen unterschiedlich geregelt ist, sollen die in diesem Modell genannten Begriffe als Aufgaben, Tätigkeiten bzw. Funktionen interpretiert werden, ohne diese direkt bestimmten Unternehmensabteilungen zuzuordnen.

2.2   Komponenten der rechnerintegrierten Produktion

Sowohl im betriebswirtschaftlichen als auch im technischen Bereich werden schon seit Jahrzehnten rechnerunterstützte Systeme eingesetzt.
Mertens/Griese /43/ unterscheiden dabei zwischen

- Planungs- und Kontrollsystemen sowie
- Administrations- und Dispositionssystemen,

die horizontal und vertikal integriert ein Gesamtkonzept der "Integrierten Informationsverarbeitung" innerhalb eines Unternehmens ergeben.

In den nachfolgenden Abschnitten werden die Aufgaben und Funktionen der technisch orientierten Administrations- und Dispositionssysteme grob dargestellt, die heute bereits rechnerunterstützt ablaufen können.

2.2.1 Forschung und Produktentwicklung

Der Forschung und Produktentwicklung sind gemäß des Referenzmodelles nach Bild 5 die Produktphasen
- D/S/E   Design / Spezifizierung und Entwicklung des Produktes und
- FePl   Fertigungsplanung zuzuordnen.

Nach /43/ lassen sich die Aufgaben und Funktionen der Forschungs- und Produktentwicklungsbereiche folgendermaßen definieren:
- Planung und Verwaltung von Forschungs- und Entwicklungsprojekten
- Labormanagement
- Produktentwicklung (konzipieren, konstruieren, erproben)
- Arbeitsplanung
- Verwaltung von Schutzrechten und Normen

In Anlehnung an die VDI-Richtlinie 2210 /64/ können dabei vier Arten betrieblicher Entwicklungsaufträge gegeneinander abgegrenzt werden, deren praktische Bearbeitung häufig auch in den entsprechend dafür eingerichteten organisatorischen Einheiten erfolgt:
- Neuentwicklung ("Entwicklungskonstruktion", "Neukonstruktion")
- Technische Angebotsbearbeitung ("Angebotskonstruktion")
- Kundenauftragsbezogene Entwicklung ("Auftragskonstruktion")
- Betriebsmittelentwicklung ("Betriebsmittelkonstruktion")

Nachfolgend werden die wichtigsten rechnerunterstützten Hilfsmittel kurz charakterisiert, die im Bereich der Forschung und Produktentwicklung eingesetzt werden.

Projektmanagement

Für Planung, Durchführung und Kontrolle vor allem größerer Forschungs- und Entwicklungsprojekte bietet sich der Einsatz eines rechnergestützten Projektmanagementsystems an, mit dessen Hilfe meßbare projektbezogene Größen, wie Termine, Kosten, Kapazitäten, geplant und während der Projektdurchführung, z.B. in Form von Soll-Ist-Abweichungen, kontinuierlich überwacht werden können.

Laborinformationssysteme

Im Bereich des Labormanagements existieren schon seit einigen Jahren sogenannte Laborinformationssysteme (LIMS), welche die Administration von Versuchen, hauptsächlich in den Bereichen Chemie, Nahrungsmittel und Stahlindustrie unterstützen. Diese Systeme ähneln den später behandelten CAQ-Systemen in ihrer Funktionalität, was jedoch aufgrund der völlig unterschiedlichen Terminologie erst auf den zweiten Blick deutlich wird.

CAD- und CAE-Systeme

Die im Bereich Forschung und Produktentwicklung wohl am verbreitetsten und bekanntesten Systeme, die CAD-Systeme, werden zur rechnerunterstützten Konstruktion (Computer Aided Design) eingesetzt. Dabei werden im wesentlichen die Konstruktionsprozeßphasen Gestaltung und Detaillierung unterstützt, während die Intensität der Rechnerunterstützung bei der Konzipierung sehr gering ist /75/.
CAD-Systeme waren ursprünglich reine Zeichnungserstellungssysteme, zunächst für 2D-Zeichnungsmodelle, dann nach und nach auch für 3D-Drahtmodelle und 3D-Flächen- und Volumenmodelle.

Im Zuge der Erweiterung von CAD-Systemen zu CAE-Systemen (Computer Aided Engineering) sind weitere Funktionen, wie Informationsfunktionen (Tabellen, Toleranzen, Stücklisten etc.) und Berechnungsalgorithmen, hinzugekommen, die den Konstrukteur in seiner Arbeit unterstützen.

Im weiteren Sinne ist unter CAD ein umfassendes Informationssystem zu verstehen /43/, das unter Einbeziehung von Funktionen, wie Kalkulations- und Bewertungsrechnungen, Nutzwertanalysen etc., starke Bezüge zur betriebswirtschaftlichen Informationsverarbeitung aufweist.

CAP-Systeme

Mit CAP (Computer Aided Planning) wird der Übergang vom Entwurf zur Produktion des Produktes vorbereitet. CAP-Systeme werden im Bereich der Arbeitsplanung eingesetzt. Unter CAP faßt man alle EDV-Werkzeuge zusammen, die /30/

- die Planung der Arbeitsvorgänge und -vorgangsfolgen,
- die Auswahl von Verfahrens- und Betriebsmitteln sowie
- die Generierung von Steueranweisungen für programm- oder parametergesteuerte Produktions-, Montage- und Prüfeinrichtungen unterstützen.

In der Prozeßindustrie stehen darüber hinaus bei CAP die Steuerung des Materialflusses, die Austaktung der Fließstraßen und die Reihenfolgeoptimierung von Rüst- und Reinigungszeiten im Vordergrund /43/.

2.2.2 Marketing und Verkauf

Der Forschung und Produktentwicklung sind gemäß des Referenzmodelles nach Bild 5 die Produktphasen

- M&M   Marketing und Marktforschung und
- V&V   Verkauf und Verteilung zuzuordnen.

Die wesentlichen Aufgabenbereiche von Marketing und Verkauf sind:
- Bearbeitung von Kundenanfragen
- Marktforschung
- Angebotsbearbeitung
- Auftragsbearbeitung (Auftragserfassung, Vertragserstellung und -überprüfung, Auftragsbestätigung, Informationen an betroffene Stellen)

Im Bereich Marketing und Verkauf stehen im wesentlichen betriebswirtschaftlich orientierte EDV-Systeme im Vordergrund, auf welche in diesem Rahmen nicht näher eingegangen werden soll. Außerdem kommen für Marktanalysen und die Berechnung, Auswertung und Darstellung von Markt- und Nachfrageinformationen spezielle Programme, z.B. für die Tabellenkalkulation und die Erstellung von Geschäftsgrafiken zum Einsatz.

2.2.3 Beschaffung und Lagerhaltung

Gemäß des Referenzmodells (Bild 5) können dem Bereich Beschaffung und Lagerhaltung folgende Produktphasen zugeordnet werden:
- Besch   Beschaffung sowie
- V&L   Verpackung und Lagerung.

Die Aufgaben von Beschaffung und Lagerhaltung lassen sich wie folgt zusammenfassen:
- Materialbewertung
- Lagerbestandsführung
- Lagerhaltung
- Bestelldisposition
- Bestellüberwachung
- Wareneingangsprüfung
- Zollabwicklung

Neben den hauptsächlich betriebswirtschaftlich und logistisch orientierten EDV-Systemen der Bestandsführung und Bestellrechnung, die im Bereich Beschaffung und Lagerhaltung zum Einsatz kommen, stellen hier Produktionsplanungs- und -steuerungssysteme (PPS-Systeme) einige Funktionen zur Verfügung. Da der Schwerpunkt solcher PPS-Systeme jedoch im Bereich Produktion liegt, werden sie dort näher charakterisiert.

Im übrigen erstreckt sich der Einsatz von EDV-Systemen im Bereich der Materialwirtschaft nach /18/ im wesentlichen auf die
- Planung, Steuerung und Kontrolle der Materialbereitstellung sowie
- die Steuerung von Transport- und Handhabungsmaschinen.

2.2.4 Produktion

In den Bereich Produktion lassen sich aus dem Referenzmodell nach Bild 5 die Produktphasen
- P&M Produktion und Montage,
- P&U (Qualitäts-)Prüfungen und Untersuchungen

und mit Einschränkung auch die Phase
- FePl Fertigungsplanung einordnen.

Letztere wurde mit Teilaspekten bereits im Bereich Forschung und Produktentwicklung berücksichtigt.

Die Aufgaben der operativen Produktionsprogramm- sowie Produktionsprozeßplanung, Produktionsprozeßsteuerung und -kontrolle sowie verwandte Begriffe wurden in der betriebswirtschaftlichen und technischen Literatur (vgl. z.B. /11, 16, 17, 22, 65, 75, 92/) in den letzten Jahrzehnten zum Teil unter unterschiedlichsten Bezeichnungen und Inhalten behandelt /19/. Ohne Anspruch auf Vollständigkeit und allgemeingültige Terminologie lassen sich die Aufgaben der planenden und ausführenden Bereiche der Produktion folgendermaßen beschreiben:

- Produktionsplanung (Fertigungsplanung): Produktionsprogrammplanung, Mengenplanung und Termin- und Kapazitätsplanung
- Produktionssteuerung: Auftragsveranlassung und Auftragsüberwachung
- Qualitätsprüfung und -kontrolle

Im Sinne des bereits mehrfach erwähnten erweiterten Qualitätsbegriffes soll an dieser Stelle bei der Behandlung der Produktion nochmals darauf hingewiesen werden, daß die Verantwortlichkeit für die Qualität der gefertigten und montierten (Halbfertig-)Teile und Produkte bei den ausführenden Stellen selbst liegt. Diese Verantwortung darf nicht, wie es in der Vergangenheit vielerorts üblich war, auf eine Institution verlagert werden, die sich Qualitätswesen o.ä. nennt. In den Aufgabenbereich von Produktion und Montage fallen damit auch qualitätssichernde Aufgaben, Tätigkeiten und Funktionen.

PPS–Systeme

Nach Scheer /75/ wickeln Produktionsplanungs- und -steuerungssysteme (PPS), die bereits seit Jahrzehnten bekannt und im Einsatz sind, heute bei typischen Industrieunternehmen rund sechzig Prozent der Transaktionen der gesamten Informationsverarbeitung ab. PPS–Systeme werden zur organisatorischen Planung, Steuerung und Überwachung der Produktionsabläufe in bezug auf Mengen, Termine und Kapazitäten eingesetzt. Planende Hauptfunktionen, die unter dem Begriff "Produktionsplanung" zusammengefaßt werden, sind

- Produktionsprogrammplanung,
- Mengenplanung und
- Kapazitäts- und Terminplanung.

Steuernde bzw. überwachende Hauptfunktionen ("Produktionssteuerung") sind

- Auftragsveranlassung und
- Auftragsüberwachung.

In einigen der Aufgabenbereiche, z.B. Lieferantenauswahl, Verfügbarkeitsprüfung, Arbeitsfortschrittserfassung, Wareneingangsmeldung etc. lassen sich bereits terminologisch deutliche Parallelen zur Funktionalität typischer CAQ–Systeme erkennen.

Betriebsdatenerfassung

Die Betriebsdatenerfassung (BDE) ist ein Organ, welches direkt mit dem PPS–System in Verbindung steht und an den einzelnen Stufen des Herstellungsprozesses die Zustandsdaten (Ist–Daten) erfaßt und rückmeldet. Dies sind im wesentlichen auftrags-, maschinen-, mitarbeiter- und materialbezogene Informationen.

Auch im Bereich der Betriebsdatenerfassung läßt sich in mehrerlei Hinsicht ein enger Bezug zu qualitätssichernden, bzw. hauptsächlich qualitätsprüfenden und -regelnden Funktionen herstellen:

- Meß- und Prüfergebnisse sowie davon abgeleitete Informationen, wie Nacharbeits- und Ausschußmengen, sind ebenfalls als Betriebsdaten zu bezeichnen.
- Bei der Betrachtung von Prüfarbeitsgängen und -folgen als Fertigungsarbeitsgänge bzw. -folgen sind Fortschrittsmeldungen über die Betriebsdatenerfassung auch für qualitätssichernde Funktionen von Interesse.
- Meß- und Prüfdaten ergeben in vielen Fällen erst in Kombination mit Betriebs- und Maschinendaten aussagekräftige Informationen zur Qualitätslage.
  Beispiel 1: Korrelation zwischen Maschinenparametern und Prüfergebnissen.
  Beispiel 2: Die Rückverfolgbarkeit von Teilen (wie in DIN ISO 9000 ff. gefordert) läßt sich nur in Verbindung mit der Betriebsdatenerfassung bewerkstelligen.

2.2.5 Versand

Dem Bereich Versand sind die Produktphasen

- V&L   Verpackung und Lagerung sowie
- V&V   Verkauf und Verteilung zuzuordnen.

In den Bereich Versand fallen nach /43/ alle Aufgaben, die im allgemeinen nach der Produktion liegen und dazu beitragen, daß die richtigen Produkte zum richtigen Zeitpunkt und in der bestellten Menge beim Abnehmer eintreffen. Dies sind im einzelnen:

- Zuordnung von Produkten zu Kundenaufträgen und Kommissionierung ("Zuteilung")
- Einteilen in Teillieferungen und Lieferfreigabe
- Versandlogistik: Auswahl von Auslieferungslager, Transportart, Ermittlung von Beladung (LKW), und Fahrtroute, Anpassung von Versandmengen, Erstellung und Verteilung der Versanddokumente, Vermessen/Wiegen der Ware
- Fakturierung: Erstellung von Kundenrechnungen, Berücksichtigung von Rabatten, Boni und Zuschlägen, Gutschriftenerteilung
- Packmittelverfolgung
- "After–Sales–Service": Reklamationsverwaltung, Reparaturdienstunterstützung, Produktbeschreibungen

Die EDV–unterstützbaren technisch–/organisatorischen Funktionen des Versandes werden zum größten Teil durch das PPS–System, in bezug auf eine Endprüfung bzw. Versandkontrolle in Zusammenwirken mit dem CAQ–System, wahrgenommen.

2.3 Integrationsmodelle und –konzepte

Während zu Beginn des Computerzeitalters im Betrieb die Rechnerunterstützung ganz spezifischer und isoliert betrachteter Aufgabengebiete im Vordergrund stand, wurde, nachdem die Information explizit als wichtiger Produktions– und Organisationsfaktor anerkannt war, die Integration, sowohl auf technischer (Hardware und Schnittstellen), als auch auf informatorischer (gegenseitige Nutzung und Bereitstellung von Informationen) und datentechnischer (Datenbanken) Ebene immer wichtiger.

In dem bereits 1973 erschienenen Buch "Computer Integrated Manufacturing" von J. Harrington, auf das der Begriff CIM wohl zurückgeht, werden als Bestandteile von CIM CAD, CAM und PPS definiert.

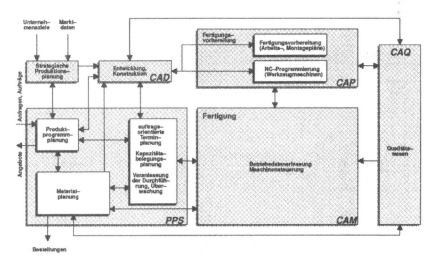

Bild 6: Verknüpfungen innerhalb des CIM–Konzeptes (nach /18/)

Durch das Denken in Vorgangsketten und die Notwendigkeit zur Bildung kleiner Regelkreise wurden nach und nach fast alle innerbetrieblichen EDV–Systeme in den Begriff CIM einbezogen. Zwar bezieht sich CIM heute hauptsächlich auf technisch–/organisatorische Funktionen im Bereich der Fertigung und den unmittelbar vor– und nachgelagerten Bereichen, jedoch weist jedes CIM–Modell daneben auch starke Verbindungen zu den betriebswirtschaftlich–/administrativ ausgerichteten Funktionen und EDV–Systemen auf.

Ein in der Literatur (z.B. /18, 34, 35, 36, 66, 75, 90/) häufig, teilweise in leicht abgewandelter Form, erwähntes rein technisch orientiertes CIM–Modell, bestehend aus den Komponenten PPS, CAD, CAP, CAM und CAQ deutet nur sehr oberflächlich den Informationsaustausch zwischen den CIM–Komponenten an. Daneben finden sich in der Literatur (z.B. /18, 20, 83, 90/) CIM–Modelle, in welchen der Schwerpunkt gerade auf der Notwendigkeit und dem Vorhandensein dieser Kommunikation liegt (Beispiel: Bild 6).

Im Modell nach Bild 6 stehen die CIM–Komponenten (CAD, CAP, CAM, CAQ und PPS) im Vordergrund, während der notwendige Informationsaustausch lediglich angedeutet wird. Konkreter bezüglich der intern und extern auszutauschenden Informationen ist das Modell /27/, welches von der Kommission CIM im DIN aufgestellt wurde (Bild 7).

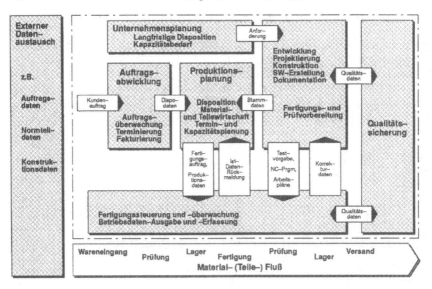

Bild 7: Funktionen, Informationen und Materialfluß in einem Unternehmen /27/

Mit der Entwicklung moderner (relationaler) Datenbanksysteme und in neuester Zeit mit der zunehmenden Objektorientierung in (system–)technischer Denkweise und Software–Technik wurden die Voraussetzungen geschaffen, Produkte, Prozesse und ganze Systeme informationstechnisch zu beschreiben und auf dem Rechner abzubilden (vgl. /30/).

Erste Modellierungsbestrebungen bezogen sich im Zuge der Entwicklung von CAD–Systemen auf das Produkt selbst, hatten also ein Produktmodell zum Ziel und stellten im wesentlichen Geometriedaten bereit. Im folgenden wurden diverse Produktmodelle entwickelt, die zunächst strukturorientiert waren und im Sinne einer redundanzfreien, integrierten Datenhaltung auch Informationen für Arbeitsplanung, Fertigungsplanung, Montage oder Service zur Verfügung stellten.

Neuere Produktmodelle, die momentan noch Gegenstand von Forschungsaktivitäten sind, lassen sich unter dem Begriff "Integrierte Produktmodelle" zusammenfassen. Hier geht man von einer einheitlichen Datendarstellung aus, auf welche unterschiedliche Unternehmensbereiche zur Informationsbeschaffung zugreifen können. Dies muß zugleich auch der Ausgangspunkt bzw. die Voraussetzung sein, für eine systemübergreifende, kooperative Erfüllung der Forderungen, die sich aus der Norm DIN ISO 9000 ff. ergeben.

Da sich diese Anforderungen neben dem Produkt auch auf das Gesamtsystem zur Herstellung dieses Produktes beziehen, ist neben dem Produktmodell ein sogenanntes Produktionsmodell notwendig. Dies ist auch die Schlußfolgerung der Arbeiten der "Kommission CIM" im DIN (KCIM), die 1987 den Handlungsbedarf für CIM-Schnittstellen beschrieben /27/ und ausgehend von der Feststellung, daß allgemein anerkannte CIM-Referenzarchitekturen in den nächsten Jahren nicht zur Verfügung stehen werden, empfohlen hat, die weiteren Arbeiten an zwei Modellen zu orientieren (/27, 30/),

- ♦ dem Produktmodell mit
  - Beschreibung des durchgehenden Daten- und Informationsflusses bezüglich eines Produktes vom Vertrieb bis zum Versand,
  - Abbildung einer durchgängigen Merkmalshierarchie (System-, Leistungs-, technische, Konstruktions-, fertigungstechnische, funktionale, Qualitäts-, Prüfmerkmale),
  - Ausbildung eines Einsatzmodells (kundenbezogen), eines Konstruktionsmodells (funktionsbezogen) und eines Realisierungsmodells (fertigungsbezogen) und
  - Aussagen zur Qualität der Ergebnisse produktbezogener Funktionen,
- ♦ und dem Produktionsmodell mit
  - Beschreibung funktionaler Zusammenhänge innerhalb von Unternehmensbereichen,
  - Darstellungs- und Speicherungsformen für qualitätsrelevante Eigenschaftsbeschreibungen,
  - Ausbildung eines Betriebsmittel-, eines Werkstoff-, eines Verfahrens- (Methoden-), eines Personal- und eines Organisationsmodells und
  - Aussagen zur Qualität der Ausführung einer Funktion bzw. der Qualität eingesetzter Mittel und Verfahren/Methoden.

Bei der Analyse der Normenforderungen gemäß DIN ISO 9000 ff. wird sich zeigen, daß sich diese Forderungen im wesentlichen die sechs Zielobjekte beziehen, welche auch Gegenstand der Modellierungsbemühungen sind:
- ♦ Produkt,
- ♦ Prozeß, Ablauf, Organisation,
- ♦ Verfahren, Methoden und Hilfsmittel,
- ♦ Anlagen und Betriebsmittel sowie
- ♦ Mitarbeiter, Kunden, Lieferanten und Ausrüster.

Desweiteren ergibt sich in diesem Zusammenhang überraschenderweise auch eine Bestätigung der Theorie der "Fraktalen Fabrik" (z.B. /86, 87/), da genau die Faktoren, die für die Qualität eines Produktes als Output des Systems Unternehmen verantwortlich sind, im übertragenen Sinne für einen einzelnen Fertigungsprozeß ebenso gelten (und dort auch anerkannt sind), nämlich die "fünf M's": Mensch, Maschine, Material, Methode (Verfahren) und Milieu (Umwelt).

Die Überlegungen zu den drei unterschiedlichen Ausgangspunkten, technische Prozeßbetrachtung, allgemeine Modellierungsbestrebungen und Normung von Qualitätssicherungssystemen (DIN ISO 9000 ff.), bewegen sich somit im gleichen Problemkreis.

3 Rechnerunterstützte Qualitätssicherung CAQ

3.1 Rechnerunterstützte Methoden und Verfahren des Quality Engineering

Im Bereich der Qualitätssicherung werden heute bereits zahlreiche leistungsfähige präventive Methoden angewandt. Einige Beispiele hierfür sind Methoden, die auch in anderen Bereichen Anwendung finden, wie /42/

- *Systemanalyse (SA)*
- *Value Analysis, VA (Wertanalyse, WA)*
- *Quality Function Deployment* (QFD, siehe 3.1.1, /1, 29, 33, 81/)
- *Funktionsanalyse (FA);* Beinhaltete Methoden: *Funktionsblockdiagramm* (FBD), *Zuverlässigkeitsblockdiagramm* (ZBD), *Funktionsstammbaum* (FSB), *FAST–Diagramm*

sowie sicherheitstheoretische Analyseverfahren auf der Basis Boolescher Modellbildung, wie

- *Failure Mode– and Effect Analysis (Fehlermöglichkeits– und –einflußanalyse, FMEA*, siehe 3.1.2); ursprünglich: *Failure Mode, Effects and Criticality Analysis = Ausfallart– und Fehlereffektanalyse, FMECA,* auch *Verhaltensanalyse* genannt) (/8/, 13, 33, 67, 68, 70, 71, 77, 78, 79, 82/)
- *Fault Tree Analysis (Fehlerbaum– bzw. Gefährdungsbaumanalyse FTA,* siehe 3.1.4, /59/)
- *Event Tree Analysis* (siehe 3.1.4, /60/) bzw. *Event Flow Analysis* bzw. *Event Accident Process Analysis (Störfall–Ablauf–Analyse)* und
- *Ausfall–Effekt–Analyse (/58/).*

Daneben existieren noch weitere, meist qualitative (Formblatt–)Analysen, wie z.B.

- *Preliminary Hazard Analysis* (Gefahrenanalyse, PHA)
- *Ausfallgefahrenanalyse* (Fault Hazard Analysis, FHA)
- *Operating Hazard Analysis* (Bedienungsgefahrenanalyse, OHA)
- *Human Error Mode– and Effect Analysis* (Menschliche Fehlerart– und Fehlereffektanalyse, HEMEA)
- *Information Error Mode– and Effect Analysis* (Informationsfehler-Effektanalyse, IEMEA),

die heute jedoch weitgehend in die FMEA–Durchführung integriert werden.

Außerdem werden auf dem Gebiet der Zuverlässigkeitssicherung Methoden angewandt, wie

- *Reliability Growth Testing* (siehe 3.1.5, /9, 37, 72/) und
- *Reliability Conformance Testing* (/9, 37, 72/),

und in den Bereichen Prozeßentwicklung, –planung und –regelung:

- *Design of Experiments, DOE* (Statistische Versuchsplanung, siehe 3.1.3, /76/) nach Verfahren von Taguchi und Shainin
- *Maschinen– und Prozeßfähigkeitsuntersuchungen* (/41, 69/)
- *Statistical Process Control, SPC* (Statistische Prozeßregelung, vgl. 3.2.3.5, /41, 69/)

Für den eng eingegrenzten Anwendungsbereich, in welchem diese Methoden eingesetzt werden, erbringen sie brauchbare Ergebnisse. Jedoch sind sie untereinander nicht gekoppelt und ermöglichen es daher nur selten, umfassende Gesamtzusammenhänge und Abhängigkeiten zu erkennen.

Einige dieser Methoden sind darüber hinaus nur sehr partiell anwendbar, weil die nicht formalisierte Darstellung (i.a. textuelle Beschreibungen) der Ergebnisse weder Vergleichbarkeit noch Weiterverwendung ermöglichen. Die Rechnerunterstützung dieser Methoden, falls bereits realisiert, beschränkt sich im wesentlichen auf die Unterstützung des Anwenders beim Ausfüllen von Formblättern, also auf Textverarbeitungs- und Tabellenkalkulationsfunktionen.

Die Euphorie bei der Einführung und Anwendung einzelner Methoden wurde in den letzten Jahren aus o.g. Gründen bereits vielerorts gedämpft:

"... *Eine unabhängig voneinander durchgeführte Analyse als getrennte Konstruktions- und Prozeß-FMEA ist deshalb sach- und funktionswidrig...*" (/45/),

"... *Qualitätsmethoden sind ohne großen Erfolg, wenn sie isoliert und voraussetzungsfrei eingesetzt werden...*" (/79/),

"... *Zwischen den verschiedenen Methoden bestehen theoretische Zusammenhänge und Synergieeffekte...*" (/28/),

"... *FMEA entfaltet ihre Stärken erst im Zusammenspiel mit anderen Bereichen der Datenerfassung und -verarbeitung in einem Betrieb...*" (/8/),

"... *Logisch konsequent ist es dann nur, die einzelnen Schritte Aufgabenstellung, Systemanalyse, Versuchsmethoden und Auswahl der besten Lösung (Datenanalyse) ... miteinander zu verknüpfen...*" (/76/)

3.1.1 Quality Function Deployment (QFD)

QFD ist eine formalisierte Methode zur Planung von Produkten und der Verfolgung der Entwicklungsaktivitäten bis hin zur Serienreife. Dabei wird Qualität als umfassende Unternehmensaufgabe definiert und schließt damit alle Bereiche eines Unternehmens und alle Tätigkeiten und Funktionen, von der Produktidee bis zur Auslieferung an den Kunden ein.

Der wichtigste Aspekt bei der Durchführung von QFD ist die starke Ausrichtung aller Aktivitäten auf den (späteren) Abnehmer des Produktes oder der Dienstleistung, also den Kunden und dessen Erwartungen und Anforderungen.

Ziel des QFD ist es, eine in allen Feldern ausgefüllte QFD-Matrix ("House of Quality") zu erarbeiten, die eine Grundlage für weitere Diskussionen und Entscheidungen bildet. Sind Kundenanforderungen und technische Merkmale eines Produktes definiert, so dient die QFD-Matrix Entwicklern und Konstrukteuren als Leitlinie, um ein vermarktungsfähiges und produzierbares Produkt zu entwerfen.

Mit der Einführung und Anwendung von QFD in einem Unternehmen werden hauptsächlich folgende Ziele angestrebt:

- Ausrichtung von Planung und Produktion auf Kundenwünsche, d.h. starke Ausrichtung aller Tätigkeiten auf Kundenanforderungen
- Verbesserung der Kommunikation zwischen verschiedenen unternehmensinternen Bereichen, die an der Realisierung des Produktes beteiligt sind
- Verbesserung der Übersichtlichkeit von Planungsergebnissen
- Transparenz der verschiedenen Aufgabengebiete und ihrer Beziehungen zueinander
- Bessere, durchdachte und ausgereifte Produkte und Dienstleistungen
- Reduzierung von Anlauf- und Fertigungskosten durch Vermeidung von (nachträglichen) Änderungen in der Produktionsphase
- Schnellere Realisierung von Projekten
- Identifizierung kritischer Faktoren von Produkten und Dienstleistungen
- Ausrichtung der technischen Realisierung auf die Kundenwünsche

Die Stärke der QFD–Methode zeigt sich sehr schnell darin, daß es nicht ausreicht, in monokausalen Zusammenhängen zu denken. Erst die gesamtheitliche Betrachtungsweise des Produktes mit all seinen Parametern und Aspekten ergibt ein umfassendes Bild des Produktes, aus welchem sich Konsequenzen, Strategien und Entscheidungen ableiten lassen.

Durch die Einbeziehung von Konkurrenzprodukten und möglichst des Marktführers auf diesem Gebiet in die Diskussionen können auf der Basis der QFD–Ergebnisse auch strategische Weichen gestellt werden, wie z.b.

- Welche Kundenerwartungen möchten wir ebenso gut oder besser erfüllen, als der momentane Marktführer?
- Auf welchen Gebieten bezüglich der Erwartungen des Kunden sind wir schlecht und müssen uns daher verbessern?

3.1.2 Fehlermöglichkeits– und –einflußanalysen (FMEA)

Die Fehlermöglichkeits– und –einflußanalyse (FMEA, Failure Mode and Effect Analysis) ist eine Methode der präventiven Qualitätssicherung, die sich den Verfahren der qualitativen Sicherheitsanalysen zuordnen läßt. Bedingt durch ständig steigende Qualitätserwartungen seitens der Kunden sowie durch neue gesetzliche Vorschriften, wie die seit Anfang 1990 geltende Produzentenhaftung, findet die FMEA in den letzten Jahren verstärkt ihre Anwendung. Ziel der FMEA ist es, als ein Hilfsmittel systematischer Qualitätsplanung, die Qualität der Entwicklung qualitativ hochwertiger Produkte noch vor Serienbeginn sicherzustellen.

Mit Hilfe der FMEA–Methodik lassen sich alle Phasen des Produktlebenslaufes, von der Entwicklung bis hin zur Nutzung, analysieren und dokumentieren. Im Vordergrund der FMEA–Betrachtung stehen dabei die zwei 'klassischen' FMEA's, die Konstruktions–FMEA und die Prozeß–FMEA.

Die Konstruktions–FMEA, auch Entwicklungs–FMEA genannt, wird innerhalb des Entwicklungsprozesses angewendet, um das Produkt auf Erfüllung der im Pflichtenheft festgelegten Funktionen hin zu untersuchen. Dabei sind für alle risikobehafteten Bauteile des Produktes geeignete Maßnahmen zur Vermeidung oder Entdeckung der potentiellen Fehler zu planen. Die Maßnahmen können dabei sowohl die Konstruktion als auch den Herstellungsprozeß betreffen.

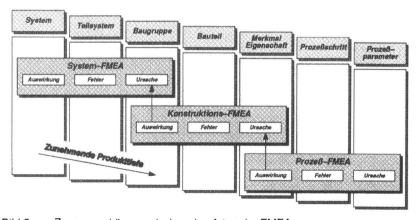

Bild 8: Zusammenhänge zwischen den Arten der FMEA

Die Prozeß-FMEA, auch Fertigungs-FMEA genannt, wird noch vor der eigentlichen Herstellung des Produktes, also innerhalb des Produktionsplanungsprozesses angewendet. Sie baut logisch auf den Ergebnissen der Konstruktions-FMEA auf (Bild 8).

Ein Fehler der Konstruktions-FMEA, dessen Ursache im Herstellungsprozeß liegt, wird folgerichtig als Fehler in die Prozeß-FMEA übernommen. Aufgabe der Prozeß-FMEA ist es, jeden Teilprozeß des Herstellungsprozesses auf die Eignung zur Herstellung der geforderten Produkteigenschaften hin zu untersuchen. Dabei sind für alle Fehler, die bei der Herstellung des Produktes auftreten können, geeignete Maßnahmen zu deren Vermeidung oder Entdeckung zu planen.

Die FMEA-Untersuchung, die sich grundsätzlich in die Phasen *Risikoanalyse*, *Risikobewertung* und *Risikominimierung* gliedert, wird in interdisziplinären Gruppen der an der Produktentstehung beteiligten Abteilungen (i.a. Konstruktion/Entwicklung, Fertigungsplanung, Fertigung, Versuch und Qualitätssicherung) durchgeführt.

Das Produkt (Konstruktions-FMEA) bzw. der Prozeß (Prozeß-FMEA) wird systematisch durch einen Vorlauf in einer Top-Down-Vorgehensweise in einzelne Bauteile bzw. Funktionen oder Teilprozesse untergliedert und dann bezüglich der Erfüllung der konstruktiven, funktionalen, (fertigungs-)technischen und qualitativen Forderungen untersucht.

Die systematische Vorgehensweise bei der Analyse wird durch die Verwendung eines entsprechenden Formblattes unterstützt. Aufgrund der universellen Einsetzbarkeit der FMEA-Methodik entstanden im Laufe der Zeit mehrere firmenspezifische Formblätter. Um den FMEA-Anwendern eine Richtlinie an die Hand zu geben, wird vom Verband der Automobilindustrie (VDA) ein Formblatt zur FMEA vorgeschlagen /82/, das für beide FMEA-Arten gleichermaßen angewendet werden kann.

Rechnerunterstützung

Die Methode FMEA wurde als Formblattanalyse entwickelt. Die Dokumentation der Ergebnisse erfolgte durch handschriftliche Eintragung oder durch Ausfüllen des Formblattes mit der Schreibmaschine, später dann mit Hilfe von Textverarbeitungsprogrammen.

Sowohl Anzahl als auch Umfang erstellter FMEA's hat in den letzten Jahren stark zugenommen, was zusammen mit der Tatsache, daß eine FMEA ein 'lebendiges', also pflege- und wartungsbedürftiges Dokument ist, zur Entwicklung rechnerunterstützter FMEA-Systeme geführt. Während die Mehrzahl der verfügbaren FMEA-Systeme auf der Stufe komfortabler Textverarbeitung stehen, gibt es einige Systeme, deren Funktionalität weit darüber hinaus geht und die Methode selbst unterstützt.

Im Rahmen des rechnerunterstützten Qualitätssicherungssystems wurde ein FMEA-Modul mit graphischer Benutzeroberfläche entwickelt /71/, welches den Benutzer methodisch unterstützt und ihm das breite Wissenspotential aller bisher erstellter FMEA's in geeigneter Weise bereitstellt.

3.1.3 Statistische Versuchsplanung

Wie bereits an anderer Stelle erwähnt, ist die Ausprägung eines Qualitätsmerkmals letztlich von den bekannten fünf M's (Mensch, Maschine, Material, Methode und Milieu) abhängig. Diese Einflußfaktoren bergen möglicherweise in sich wiederum jeweils eine mehr oder minder große Anzahl von (relevanten) Parametern.

Um z.B. im Rahmen der Qualitätsplanung Merkmalswerte und deren zulässige Abweichungen festlegen zu können oder im Rahmen der Prozeßplanung optimale Einstell- und Betriebsparameter für einen sicheren und beherrschten Prozeß zu definieren, sind oft zahlreiche Versuche notwendig. Dadurch, daß sich diese Parameter auch gegenseitig beeinflussen können, wird bereits bei wenigen Parametern und Einstellwerten die notwendige Versuchsanzahl sehr groß.

Ohne die Anwendung entsprechender statistischer Verfahren gibt es zwei Möglichkeiten, Experimente durchzuführen:

- Veränderung jeweils eines einzigen Parameters zu einem Zeitpunkt
  ("One-factor-at-a-time-Experiment")
  Diese Methode ähnelt einem Zufallsexperiment, da z.B. jegliche gegenseitige Abhängigkeiten der verschiedenen Parameter unberücksichtigt bleiben.

- Überprüfung aller Kombinationen der vorhandenen einstellbaren Parameter
  ("Full-factorial Experiment")
  Bei dieser Vorgehensweise müssen alle möglichen Parameterkombinationen nacheinander eingestellt und experimentell überprüft werden.
  Beispiel: Bei (wohlwollender) Annahme von nur drei möglichen (diskreten!) Einstellwerten für jeden der fünf Einstellparameter (Steuergrößen) einer Maschine ergeben sich bereits $3^5 = 243$ mögliche Experimente!

Verfahren der Statistischen Versuchsplanung (DOE, <u>D</u>esign <u>O</u>f <u>E</u>xperiments) haben daher zum Ziel, den Versuchsaufwand möglichst zu reduzieren. Die beiden wichtigsten (bekanntesten) Methoden(-pakete) stammen von Genichi Taguchi und D. Shainin. Während Shainin versucht, die Parameteranzahl zu reduzieren ("80 % der Wirkung auf die Zielgröße wird von 20 % der Faktoren verursacht."), indem er mit verschiedenen Verfahren die wesentlichsten herausfiltert, setzt Taguchi bei der Einschränkung von Parameterkombinationen an, um die Anzahl der Versuche zu reduzieren.

Taguchi unterscheidet, ob sich Qualitätsbemühungen auf den Produktentwurf (product design), die Parameterwahl des Prozesses (parameter design) oder die Toleranzfestlegungen (tolerance design) richten. Taguchi beabsichtigt mit seinen Verfahren, einen Prozeß kostenneutral und mit möglichst kleinen Schwankungen am Arbeitspunkt zu halten. Produkte sollen ohne Kostenerhöhung möglichst unempfindlich gegenüber den Ursachen von Störquellen und Abweichungen gemacht werden. Seine Philosophie beinhaltet eine Verlustfunktion, in der die Annäherung an dieses Ziel in einem Zahlenwert ausgedrückt wird, und somit eine Verbesserung oder Verschlechterung jederzeit ablesbar ist.

Rechnerunterstützung

Die statistische Versuchsplanung stellt höchste Ansprüche an mathematisch-/statistische Kenntnisse und einen sorgfältigen Ablauf. Bei einer größeren Anzahl komplexer Experimente fallen darüber hinaus sehr viele Daten an. Diese Tatsachen führen dazu, daß die statistische Versuchsplanung ohne eine Rechnerunterstützung weder in einem sinnvollen Zeitrahmen, noch mit vertretbarem Aufwand durchgeführt werden kann.

Am Markt erhältliche Software-Systeme unterstützen den Anwender hauptsächlich bei

- der Auswahl des geeigneten Versuchsplanes,
- Berechnung, Verknüpfung und grafischer Darstellung der Versuchsergebnisse,
- Auswertung der Versuchsergebnisse
  (z.B. Regressions-, Korrelations- und Varianzanalyse, Signifikanztests)
- Tests auf Korrelation und Verteilungen sowie bei
- der Auswertung der umfangreichen Datenbestände.

Die verfügbaren Software-Systeme orientieren sich an der klassischen Versuchsplanung und haben unterschiedliche Zielsetzungen, in keinem System jedoch sind die Vorgehensweisen von Taguchi oder Shainin abgebildet. Es existieren bereits folgende Systeme: Statgraphics, SAS, RS1 Discover und Explore, Ultramax, SPSS, P-STAT, Design Ease, Design Expert, ECHIP, NCSS, X/STAT.

3.1.4 Sicherheitsanalysen

Die Fehlerbaumanalyse (DIN 25 424, /59/) und die Ereignisablaufanalyse (DIN 25 419, /60/) sind zwei auf der Boole'schen Algebra basierende Sicherheitsanalysen. Sie dienen beide zur quantitativen Abschätzung von Fehler, Fehlerfolgen und Fehlerursachen sicherheitsrelevanter Systeme, wie sie z.B. in der Luft- und Raumfahrt und der Reaktortechnik vorkommen.

Im Gegensatz zur FMEA, die nur die Betrachtung eines Fehlers und dessen Folgen und Ursachen zuläßt, können bei der Fehlerbaumanalyse und der Ereignisablaufanalyse auch logische Verknüpfungen von Fehlerfolgen und Fehlerursachen betrachtet werden. Durch die Kombination dieser Methoden (vgl. Bild 9) kann unter Verwendung von Fehlerinformationen z.B. aus dem Kundendienst, der Reklamationsbearbeitung und aus (Qualitäts-)Prüfungen ein (nahezu) vollständiges Modell der möglichen Fehlerkonfigurationen und gegenseitiger Abhängigkeiten entwickelt werden.

Während aus der FMEA mehr oder weniger geschätzte Auftretenswahrscheinlichkeiten geliefert werden, kann im Rahmen der Fehlerbaum- oder Ereignisablaufanalyse zusätzlich auf berechnete Daten aus Zuverlässigkeitsberechnungen und auf reale Daten aus Kundendienst, Reklamationswesen und Prüfungen zurückgegriffen werden, die dann, quantitativ zu Ursache–Wirkungs–Ketten verknüpft im Sinne eines Regelkreises wiederum den (aktualisierten bzw. detaillierten) Input für die FMEA und für Zuverlässigkeitsberechnungen liefern.

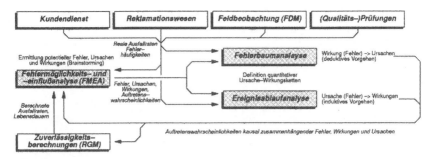

Bild 9: Kombination von FMEA und Sicherheitsanalysen

Eine Rechnerunterstützung bietet sich bei Sicherheitsanalysen besonders an, da die 'verzweigte' Berechnung von Wahrscheinlichkeiten vor allem bei größeren Bäumen sehr komplex und aufwendig wird.

Fehlerbaumanalyse

Das Vorgehen bei der Fehlerbaumanalyse ist deduktiv, das heißt ausgehend von einem unerwünschten Ereignis (z.B. Bersten des Druckbehälters) werden alle zu dem unerwünschten Ereignis führenden Fehlerursachen ermittelt. Ziel der Fehlerbaumanalyse ist dann die systematische Ermittlung aller potentiellen Ausfallmöglichkeiten sowie deren logische Verknüpfungen, die zu dem unerwünschten Ereignis führen, um daraus auf Grundlage der Boole'schen Algebra Zuverlässigkeitskenngrößen, wie z.B. Eintrittshäufigkeit des unerwünschten Ereignisses oder Verfügbarkeiten des Systems zu berechnen.

Ereignisablaufanalyse

Das Vorgehen bei der Ereignisablaufanalyse ist induktiv, das heißt im Gegensatz zur Fehlerbaumanalyse bei der alle zu dem Ereignis führenden Fehlerursachen ermittelt werden, werden bei der Ereignisablaufanalyse alle durch das unerwünschte Ereignis ausgelösten Fehlerfolgen betrachtet. Auch hier können dann wiederum auf Basis der Boole'schen Algebra Zuverlässigkeitskenngrößen berechnet werden.

3.1.5 Zuverlässigkeitsberechnungen

Zuverlässigkeitsberechnungen werden nach verschiedenen Prinzipien durchgeführt und haben kombiniert mit Dauertests von Teilen oder Komponenten zum Ziel, mit Hilfe statistisch-/mathematischer Verfahren die Lebensdauer dieser Elemente zu bestimmen.

Eines der bekanntesten Modelle der Zuverlässigkeitsberechnung (Reliability Growth Testing) ist jenes von Duane /9/, welches vor allem von Automobilherstellern und deren Zulieferern angewendet wird. Dieses Modell wurde verwendet, um ein Software–System zum Reliability Growth Management zu entwickeln, welches als Modul in das rechnerunterstützte Qualitätssicherungssystem integriert wird. Bezüglich des mathematisch-/statistischen Hintergrundes sei an dieser Stelle auf die zugehörige Software–Dokumentation /72/ verwiesen.

3.2 CAQ–Systeme

Heute werden auf dem deutschen Markt ca. 150 verschiedene CAQ–Systeme angeboten, die sich bezüglich ihres Leistungsumfanges teilweise erheblich unterscheiden.
Betrachtet man die gesamte, heute übliche, CAQ–Funktionalität und legt man diese als Mindestforderung zugrunde, so bleiben etwa 40 Systeme übrig, deren Leistungsmerkmale anhand einer Fragebogenaktion erhoben, in einer Datenbank gespeichert und ausgewertet wurden /78/.

Die drei Einzeldiagramme zu Leistungs–, Einsatz– und Funktionsmerkmalen von CAQ–Systemen in Bild 14 sind Extrakte aus den umfangreichen Auswertungen und basieren auf der o.g. Markterhebung /78/, in welcher ca. 40 Systeme erfaßt wurden.

Die prozentualen Angaben der einzelnen Diagramme addieren sich deshalb nicht zu 100 Prozent, da sich die meisten Systeme für mehrere Fertigungsstrukturen oder Branchen eignen und da sich auch die Funktionalitäten überdecken.

3.2.1 Hardware–Konzepte

Heutige CAQ–Systeme können bezüglich ihrer Hardware–Struktur in verschiedene Kategorien eingeteilt werden (vgl. Bild 14):
- Zentralisierte Datenverarbeitung
- Leitrechner–Prinzip
- Personal Computer Network (PC–Netz)
- Hierarchische Rechnerstruktur

Jedes dieser EDV–Konzepte hat Vor– und Nachteile, so daß keines von ihnen favorisiert oder empfohlen werden kann. Vielmehr kommt es in jedem Einzelfall auf Unternehmensgröße und –struktur, vorhandene EDV–Infrastruktur und Anforderungen an ein zukünftiges System an, welchem Konzept der Vorzug zu geben ist.

3.2.1.1 Zentralisierte Datenverarbeitung

Die zentralisierte DV–Struktur (Bild 10) sieht vor, daß das CAQ–System, zusammen mit den anderen innerbetrieblichen EDV–Systemen, auf dem Zentralrechner implementiert ist. An diesen Rechner werden für die Qualitätsdatenerfassung Terminals oder PC's mit Terminal–Emulation angeschlossen, von welchen aus die CAQ–Funktionalität auf dem Zentralrechner bedient wird.

Aufgrund der normalerweise hohen Auslastung des Zentralrechners ist bei dieser Struktur im allgemeinen keine on–line Prüfdatenerfassung möglich. Dies hat Einschränkungen bezüglich der Funktionalität und der aktuellen Verfügbarkeit von Prüfergebnissen zur Folge.

In dieser Struktur ist kein spezieller 'CAQ–Rechner' erforderlich, was einen wirtschaftlichen Vorteil darstellt. Ein gravierender Nachteil der Zentralrechner–Lösung besteht darin, daß bei Ausfall dieses Rechners im allgemeinen keine Qualitätsdatenerfassung mehr möglich ist. Die Verfügbarkeit des zentralen Rechners spielt hier also eine entscheidende Rolle. Der große Vorteil dieses Konzeptes besteht in der zentralen und nicht redundanten Datenhaltung, die auch in Bezug auf die Datensicherung von Interesse ist.

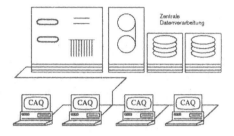

Bild 10: Zentralisierte Datenverarbeitung

Der Zugriff mehrerer innerbetrieblicher Systeme auf dieselben Daten wird dadurch ebenfalls erleichtert. Auch werden bei dieser Lösung eventuelle Schnittstellenprobleme zwischen Systemen verschiedener Hersteller vermieden.

3.2.1.2 Leitrechner–Prinzip

Das Leitrechner–Prinzip (Bild 11) sieht einen speziellen CAQ–Rechner vor, auf welchem die CAQ–Funktionalität implementiert ist. An diesen Rechner, der über eine datentechnische Verbindung zur zentralen EDV verfügt, ist die Erfassungsperipherie angeschlossen.

Hier ist nun zwar ein zusätzlicher Rechner notwendig, der dafür jedoch unabhängig von der zentralen EDV arbeitsfähig ist. Dieser Rechner entlastet den Zentralrechner weitgehend von der CAQ–Funktionalität, erfordert jedoch auch zusätzlichen Wartungsaufwand. Als CAQ–Rechner kann ein Typ ausgewählt werden, der sich bezüglich Leistungsfähigkeit, Speicherkapazität (intern/extern) speziell für dieses Aufgabengebiet eignet. Dies sind meist andere Anforderungen, als sie an die zentrale EDV gestellt werden.

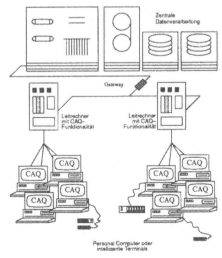

Bild 11: Leitrechner–Prinzip

Eine gesicherte und geordnete Kommunikation zwischen zentraler und dezentraler CAQ-Rechnerwelt ist jedoch Voraussetzung für das Funktionieren der Leitrechner-Lösung und um die CAQ-Funktionalität nicht zu einer Insellösung werden zu lassen.

Solange die Kompatibilität von Schnittstellen zwischen Zentralrechner und Leitrechner gewahrt bleibt, ist eine Aufrüstung der CAQ-Rechnerumgebung im allgemeinen preisgünstiger als eine Erweiterung der Zentralrechner-Hardware.

3.2.1.3 Personal Computer Network

Bedingt durch die hohe Leistungsfähigkeit moderner Personal Computer sind diese in den letzten Jahren zunehmend in Aufgabengebiete vorgedrungen, die früher großen Datenverarbeitungsanlagen vorbehalten waren.

Dies ist auch im Bereich der CAQ-Systeme sehr deutlich geworden. Mittlerweile gibt es bereits eine ganze Anzahl von CAQ-Systemen, die für PC's bzw. PC-Netzwerke konzipiert sind.

CAQ-Systeme auf PC-Netz-Basis sehen für jeden Qualitätssicherungsarbeitsplatz einen PC vor (Bild 12), an welchen die Erfassungsperipherie direkt oder über spezielle Schnittstellenboxen angeschlossen wird. Auf jedem PC ist die gesamte, an diesem Platz erforderliche, CAQ-Funktionalität verfügbar. Durch die Eigenständigkeit eines PC's ist eine optimale Verfügbarkeit und Betriebssicherheit gegeben.

Die PC's sind untereinander durch ein lokales Netzwerk (LAN, "Local Area Network") verbunden, was sowohl den erforderlichen Datenaustausch als auch eine gewisse Funktionsredundanz gewährleistet. Solche Datennetze können, abhängig von der verwendeten Hardware und Software, verschiedene Topologien, wie z.B. Stern-, Ring- (z.B. Token Ring) oder Busstruktur (z.B. Ethernet) aufweisen.

Normalerweise wird in einem PC-Netz ein PC mit einer großen externen Speicherkapazität (Plattenspeicher) ausgerüstet und dient innerhalb des Netzes als zentrales Speichermedium.

Ebenso wird ein PC dazu bestimmt, die Verbindung zwischen CAQ-PC-Netz und der zentralen EDV abzuwickeln und stellt somit die Koppelung zwischen CAQ-Welt und den anderen innerbetrieblichen Systemen dar.

Diese arbeitsplatzorientierte EDV-Struktur ist momentan meist die kostengünstigste Möglichkeit, sowohl was den Einstieg als auch den Ausbau betrifft, ein integriertes Qualitätssicherungs- und -informationssystem zu realisieren. Allerdings liegen die Grenzen dieser Struktur einerseits in der Größe des Datenaufkommens und andererseits in der Anzahl der einzelnen 'CAQ-Stationen'. Die Einsatzmöglichkeiten eines PC-Netzes sind also wiederum stark abhängig von der Struktur des Unternehmens und speziell von den Anforderungen seitens der Qualitätssicherung.

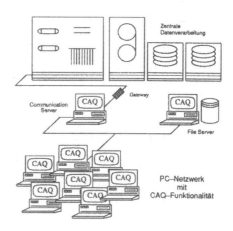

Bild 12: Personal Computer Network

3.2.1.4 Hierarchische Struktur

Die hierarchische EDV–Struktur (Bild 13) stellt gewissermaßen eine Kombination aus zentralisierter, Leitrechner– und PC–Netz–Struktur dar. Sie verbindet großteils die Vorteile der einzelnen Konzepte miteinander und schließt damit einige Nachteile der Einzelkomponenten aus. Diese Struktur basiert auf der Funktionsebenen–bezogenen Aufteilung von Kapazität und Funktionalität. Auf unterster Ebene, also auf der Ebene der Datenerfassung werden intelligente Terminals oder PC's zur Prüfdatenerfassung eingesetzt.

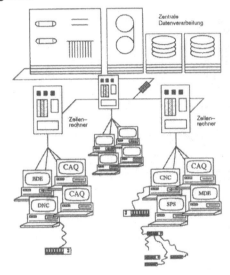

Diese sind bereichsspezifisch, sternförmig mit Leitrechnern verbunden, welche wiederum untereinander meist bus– oder ringförmig vernetzt und beispielsweise über ein Gateway mit der zentralen Datenverarbeitung verbunden sind.

Diese Konfiguration dürfte in vielfacher Hinsicht die Struktur der Zukunft darstellen, da sie sowohl die Forderungen der Zentralisierung als auch jene der Dezentralisierung in sinnvoller Weise miteinander verbindet. Gleichzeitig stellt diese Struktur wohl am ehesten die Verkörperung von CIM dar, weil z.B. von der Konfiguration her grundsätzlich kein Unterschied zwischen einem Leitrechner der Betriebsdatenerfassung (BDE) und einem der Qualitätsdatenerfassung (QDE) ersichtlich ist.

Bild 13: Hierarchische Rechnerstrukturen

Die ebenenbezogenen Funktionen der verschiedenen innerbetrieblichen Systeme (PPS, BDE, MDE, QDE, CAD, Kostenrechnung usw.) werden auf gerade diesen Ebenen zusammengefaßt und können sowohl horizontal als auch vertikal miteinander kommunizieren. Selbstverständlich stellt eine hierarchische EDV–Struktur dadurch sehr hohe Anforderungen an die Kommunikationsstruktur und wirft auch im Hinblick auf die Datenhaltung große Probleme auf.

Neben den vier oben genannten Konfigurationsmöglichkeiten gibt es natürlich einige Mischformen, welche sich aus Elementen oder Teillösungen zusammensetzen. Diese sind meist das Ergebnis einer gewachsenen EDV–Struktur, da selten die Möglichkeit besteht, ein innerbetriebliches EDV–System sozusagen 'auf der grünen Wiese' zu planen. Ziel aller EDV–Strukturen ist jedoch die größtmögliche Integration von EDV–Insellösungen in einen Funktions– und Kommunikationsverbund im Sinne des Schlagwortes "Computer Integrated Manufacturing, CIM".

3.2.2 Kommunikationsprinzipien

3.2.2.1 Schnittstellen zu Systemen des CIM-Umfelds

Seit Taylor das Prinzip der Arbeitsteilung proklamierte, wird die Organisation – nicht nur von Industriebetrieben – streng funktionsbezogen gegliedert. Dadurch werden viele Vorgänge, die in einer logischen und zeitlichen Folge ablaufen, aufgetrennt und unterschiedlichen Organisationseinheiten zugeordnet. Diese strenge Teilung in einzelne Fachbereiche, von denen jeder nur einen kleinen Teil einer Gesamtaufgabe zu erfüllen hatte, führte dazu, daß jeder Bereich für sich nach Möglichkeiten, sich von EDV-Werkzeugen unterstützen zu lassen, suchte. So wurden für alle denkbaren Aufgaben EDV-Systeme entwickelt, die den Menschen entlasten können. Diese Systeme erfüllen ihren Zweck, arbeiten aber unabhängig voneinander. Seit einigen Jahren wird deutlich, daß diese Situation nicht befriedigen kann.

Die immer komplexer werdenden Markt-, Unternehmens- und Produktionsstrukturen haben die Information zu einem kritischen Erfolgsfaktor werden lassen. Jeder Fachbereich ist auf Informationen und Daten aus anderen Bereichen angewiesen. Kein Bereich kann autark arbeiten. War es früher noch möglich, den Informationsfluß zwischen den verschiedenen Organisationseinheiten durch rein organisatorische Maßnahmen zu sichern, so gilt dies heute nicht mehr. Dagegen spricht die Komplexität und die Menge der bereitzustellenden Informationen sowie die Ansprüche an deren Aktualität. In allen Industrieländern gibt es angestrengte Versuche, den neuen Anforderungen an die betriebliche DV-Umgebung durch eine Integration oder mindestens eine irgendwie geartete Kopplung unterschiedlicher Systeme gerecht zu werden. Die Idee der allumfassenden Integration von DV-Systemen ist unter dem Kürzel CIM (Computer Integrated Manufacturing) bekannt.

In der betrieblichen Realität ergeben sich vielfältige Schnittstellen zwischen der Qualitätssicherung und fast allen Fachbereichen. Diese logischen Schnittstellen spiegeln sich ebenso zwischen der computergestützten Qualitätssicherung und anderen fachspezifischen DV-Systemen wieder.

Schnittstellenproblematik

Die Verbindung zwischen DV-Systemen kann auf mehrere Arten realisiert werden:
- organisatorische Verbindung EDV-technisch unverbundener Systeme
- Dateitransfer zwischen Systemen (Filetransfer)
- gemeinsame Datenbasis
- Programm- und Datenintegration

Die ersten zwei Möglichkeiten sind heute bereits gängige Praxis. Die Kopplung von Applikationen über eine gemeinsame Datenbasis ist noch selten verwirklicht und eine Programm- *und* Datenintegration wird nur von sehr wenigen Systementwicklern angeboten. Während die hardwaremäßige Verbindung verschiedener Systeme, bedingt durch Normungsbestrebungen, Industriestandards etc., meist nicht das vorrangige Problem darstellen, trifft dies auf die daten- oder gar programmtechnische Kopplung von Applikationen nicht zu. Begründet liegt dies in den unterschiedlichen Programm- und Datenstrukturen der Systeme. Bildlich gesprochen arbeiten sie alle nach unterschiedlichen Regeln und sie sprechen verschiedene Sprachen. Zudem liegt das Material, das sie verarbeiten – die Daten – in jedem System in anderer Form vor. Dieser Vergleich macht die Probleme, die bei einer Kopplung oder gar Integration mehrerer DV-Systeme zu bewältigen sind, deutlich.

3.2.2.2 Kommunikations- und Integrationsstufen

Der Grad der innerbetrieblichen Kommunikation zwischen verschiedenen Anwendungssystemen ist von der funktionalen und datentechnischen Integration der Systeme abhängig. Hierfür gibt es, abhängig von der Hardware- und Software-Leistung verschiedene Möglichkeiten:

Kommunikation über Filetransfer

So gut wie alle Systeme stellen als universelle externe Schnittstelle den Filetransfer zur Verfügung. Dieser stellt jedoch nur eine behelfsmäßige und sehr primitive Form der Kommunikation dar, da die Datenübertragung nicht direkt erfolgt.

Das sendende System wandelt die zu übertragenden Daten von seinem eigenen in ein anderes Format (z.B. ASCII) um und schreibt sie in eine Datei. Das empfangende System liest dieses File und konvertiert die darin enthaltenen Daten in sein eigenes Format.

Erst danach kann es mit ihnen arbeiten. Schon diese einfache Art der Kommunikation ist nicht immer einfach zu realisieren, da zur Programmierung der Schnittstelle die Datenstrukturen beider Systeme bekannt sein müssen. Dies ist leider nicht immer der Fall. Zudem erfolgt der Datenaustausch nicht ereignis-, sondern zeitgesteuert. Das bedeutet, daß nicht Ereignisse den Kommunikationsvorgang auslösen, sondern daß die Daten in vordefinierten, periodischen Abständen geschrieben, bzw. gelesen werden. Dennoch stellt diese Art der Kommunikation die am häufigsten realisierte Schnittstelle zur Kopplung von unterschiedlichen Systemen dar.

Die Vorteile des Filetransfers sind universelle Schnittstellen sowie einfache und kostengünstige Lösungen. Der gravierendste Nachteil des Filetransfers sind lange, vom Übertragungsintervall abhängige Reaktionszeiten.

Kommunikation über eine integrierte Datenbasis

Wie oben erwähnt, benötigen verschiedene DV-Systeme in einem Unternehmen identische Daten zur Erfüllung ihrer Aufgaben. Vielfach werden diese Daten von jedem System eigenständig gehalten und verwaltet. Die dadurch bedingte Datenredundanz hat in den meisten Fällen eine Inkonsistenz der Datenbestände zur Folge.

Die Funktionen unterschiedlicher Systeme laufen damit auf der Grundlage von unterschiedlichen Daten (unterschiedliche Aktualität) ab. Die Ergebnisse, die von einigen Systemen geliefert werden, entsprechen also nicht dem aktuellen Stand und können voneinander abweichen. Die Wahrscheinlichkeit, daß Entscheidungen, die aufgrund dieser Ergebnisse getroffen werden, falsch sind, ist groß.

Bei der Kopplung über eine gemeinsame Datenbasis kommunizieren die Systeme über eine Datenbank. Alle angebundenen Systeme haben einen direkten Zugriff auf diese Datenbasis, die sie lesen und beschreiben können. Mit einer solchen zentralen Datenbasis, in der jedes Datum nur einmal existiert, und auf die alle Applikationen gemeinsam zugreifen, lassen sich Redundanzen und Inkonsistenzen weitgehend vermeiden. Jedes System kann jederzeit auf aktuelle Informationen zugreifen.

Die Vorteile einer Kopplung über eine gemeinsame Datenbasis sind
- ♦ redundanzfreier Datenbestand (alle Applikationen arbeiten mit gleichen Daten),
- ♦ die Datenkonsistenz ist gewährleistet,
- ♦ unternehmensweit einheitliche Datenstrukturen sowie
- ♦ kurze Reaktionszeiten durch jederzeitigen Zugriff auf alle benötigten Daten.

Die Nachteile einer Kopplung über eine gemeinsame Datenbasis sind:
- ♦ meist aufwendige Anpassungen an den Applikationen notwendig
- ♦ aufwendige Datenmodellierung

Programm- und Datenintegration

Bei einer Programm- und Datenintegration können die Systeme nicht nur über die Datenbasis, sondern direkt – von Programm zu Programm – kommunizieren. Das bedeutet, daß die Systeme beim Auftreten bestimmter Ereignisse Funktionen in anderen Systemen auslösen können. Dabei könnte beispielsweise das CAQ-System einen neuen Planungslauf im PPS-System anstoßen, wenn es einen extrem hohen Nacharbeitsanteil in einem Prüfauftrag registriert hat.

Durch die Zusammenfassung verschiedener Funktionalitäten in einem System besteht die Möglichkeit, diese ehemals streng getrennten Funktionalitäten zu reintegrieren und damit einen objektorientierten Ansatz zu verfolgen. Damit könnten ablauforientierte und nicht rein funktionsorientierte und -optimierte Systeme geschaffen werden.

Die Progamm- und Datenintegration von Applikationen ist heute meist nur in Ansätzen realisiert. Einzelne Systemhäuser bieten komplexe integrierte Programmpakete an, in denen die Funktionalität mehrerer Bereiche (z.B. PPS, Auftragsabwicklung, Rechnungswesen) vereinigt ist. Diese Systeme sind zwar intern hochintegriert, die externe Integration gestaltet sich aber genauso problematisch wie bei den übrigen Systemen. CAQ-Systeme bilden da keine Ausnahme.

Die Vorteile der Programm- und Datenintegration sind:
- im Idealfall rendundanzfreier Datenbestand
- die Datenkonsistenz ist gewährleistet
- unternehmensweit einheitliche Datenstrukturen
- alle Applikationen arbeiten mit gleichen Daten
- jederzeitiger Zugriff auf alle benötigten Daten
- kürzeste Reaktionszeiten durch Ereignissteuerung
- ein objektorientierter Ansatz kann mit einer solchen Struktur verwirklicht werden

Als Nachteil der Programm- und Datenintegration ist dagegen die Tatsache zu werten, daß völlig neue Programme erforderlich sind, da sie durch Modifizierung der existierenden Applikationen nicht realisierbar ist.

3.2.2.3 Systemkopplungen

PPS-CAQ-Kopplung

Die wohl wichtigste Kopplung eines CAQ-Systems ist die mit dem PPS-System, da diesem die Schlüsselposition im CIM-Konzept zufällt. Einige der wichtigsten Datentypen eines CAQ-Systems haben ein Pendant im PPS-System, andere sind identisch. Ebenso weisen viele der Funktionen beider Systeme, die mit diesen Daten arbeiten, eine entsprechende Ähnlichkeit auf oder sie bauen aufeinander auf.

So lösen Wareneingänge und Fertigungsaufträge Prüfaufträge aus. Ausschußmeldungen oder Nacharbeitsbedarf können vom CAQ-System entweder über ein BDE-System oder direkt dem PPS-System gemeldet werden. Die Produktionsplanung und -steuerung überprüft, ob eine Nachproduktion bzw. Nacharbeit zur Erfüllung der Kundenaufträge notwendig ist und gegebenenfalls, wann diese stattfinden kann. Das PPS-System kann einen Auftrag erst als abgeschlossen verbuchen, wenn das CAQ-System die Erzeugnisse aufgrund der Endprüfung freigegeben hat. Finden zeitaufwendige Prüfungen statt, so müssen die dafür notwendigen Zeiten vom PPS-System eingeplant werden. Zwischen beiden Systemen besteht also eine enge Beziehung, da die Informationen aus dem einen System die Vorgänge im anderen permanent beeinflussen.

Die häufigsten der heute zwischen CAQ– und PPS–Systemen ausgetauschten Daten sind:
- Wareneingangsdaten
- Fertigungsauftragsdaten
- Teilestammdaten
- Lieferanten– und Kundendaten
- Prüfergebnisse (Gut– und Schlechtanteile, Ausschuß, Nacharbeit)

CAD–CAQ–Kopplung

Einige CAQ–Systeme (Computer Aided Quality Assurance) bieten die Möglichkeit, Daten von einem CAD–System als Prüfskizzen einzulesen. Weitverbreitet sind hierfür sind Formate, wie HPGL, STEP, IGES, VDA–FS und SET – spezielle Sprachen bzw. Protokolle zur Beschreibung von Graphiken –, in deren viele CAD–Systeme ihre Daten exportieren können. Die Prüfskizzen werden dem Prüfer zur Erläuterung der Prüfmerkmale während der Prüfdatenerfassung dargestellt.

Eine wesentlich anspruchsvollere Systemkopplung ist die Übernahme von Qualitäts– bzw. Prüfmerkmalen und ihrer Ausprägungen (Geometriedaten, Soll– und Toleranzwerte) direkt aus einem CAD–System. Voraussetzung hierfür ist, daß der Konstrukteur bereits die Prüfmerkmale kennzeichnet. Die Daten werden direkt aus dem CAD–System in den Prüfplan übernommen. Von seiten der CAD–Systeme gibt es durchaus schon genormte Schnittstellen und Datenformate für eine Übertragung von Geometriedaten in externe Systeme; CAQ–Systeme können diese aber noch nicht standardmäßig ansprechen.

CAP–CAQ–Kopplung

Seit einiger Zeit gibt es CAP–Systeme (Computer Aided Planning), die den Bereich der Produktionsplanung bei der Arbeitsplanung unterstützen. Denkbar, wenn auch bisher kaum realisiert, ist, auch die Prüfplanung auf solchen Systemen abzuwickeln. Die Erstellung von integrierten Arbeits– und Prüfplänen, die vom PPS–System gehalten und verwaltet werden, wird durch ein CAP–System gefördert. Im anderen Falle werden die Arbeitspläne in das PPS–System, die Prüfpläne in das CAQ–System übertragen. CAQ–Systeme haben heute im allgemeinen noch keine definierten Schnittstellen zu CAP–Systemen. Für eine Kopplung ist eine kundenspezifische Anpassung notwendig.

3.2.3 Funktionale Merkmale

3.2.3.1 Einsatzgebiete

Betrachtet man die einzelnen Phasen während der Lebensdauer eines Produktes, so stellt man fest, daß von Planung und Konzeption eines solchen über dessen produktionstechnische Realisierung bis hin zum praktischen Einsatz in jeder Phase Qualitätsdaten anfallen.

Heutige CAQ–Systeme decken mit ihrer Funktionalität zwar das weite Feld der Produktion, vom Wareneingang über die Bearbeitung und Montage bis zur Endkontrolle und den Versand ab, lassen jedoch die nicht zulieferer– oder produktionsbezogenen Produktphasen größtenteils unberücksichtigt. Man kann daher sagen, daß heutige CAQ–Systeme ihre Einsatzbereiche hauptsächlich in Wareneingangsprüfung, fertigungsbegleitender Prüfung und Endkontrolle haben (vgl. Bild 14).

Tätigkeiten und Funktionen im Bereich von Definition und Planung eines Produktes sowie nach der Auslieferung an den Kunden, also im Instandhaltungs–, Instandsetzungs–, Wartungs– und

Gewährleistungsbereich werden von heutigen CAQ-Systemen (mit wenigen Ausnahmen) nicht unterstützt. Aber auch auf diesen Gebieten entstehen in letzter Zeit Hilfsmittel, wie wissensbasierte Systeme (z.B. Expertensysteme) in Entwurf, Konstruktion und Prüfplanung, rechnergestützte Fehlermöglichkeits- und -einflußanalyse (FMEA), Diagnosesysteme usw. Diese Systeme stellen jedoch wiederum solange Insellösungen dar, bis sich auch auf diesem Gebiet die Erkenntnis durchsetzt, daß dies ebenfalls Instrumente innerhalb einer integrierten Qualitätssicherung sind und damit in ein CAQ-System gehören.

Von der organisatorischen Seite betrachtet, kann man die Tätigkeiten, die im Bereich der Qualitätssicherung anfallen, grob in drei Ebenen einteilen:

♦ Qualitätsplanung (Planerische Ebene)

♦ Qualitätslenkung (Administrative Ebene)

♦ Qualitätsprüfung (Operative Ebene)

Die einzelnen CAQ-Systeme werden meist als Komplettlösung auf einer der Hardware-Umgebungen angeboten. Sie erfüllen zwar innerhalb dieser Hardware-Umgebung die meisten Anforderungen, die die drei QS-Ebenen an ein CAQ-System stellen. Jedes der Systeme hat jedoch seine Stärken und Schwächen in einer der QS-Ebenen. Ein weiteres Unterscheidungsmerkmal ist das verarbeitbare Datenvolumen.

Bezüglich des Haupteinsatzgebietes läßt sich eine Einteilung der CAQ-Systeme in die Bereiche WE/WA-System (Wareneingangs-/Endkontrollsystem), SPC-System (Statistical Process Control) und LIMS-System (Labor-Informationssystem) vornehmen. Meist sind die heute auf dem Markt existierenden CAQ-Systeme aus einem der Bereiche entstanden, in dem sie im allgemeinen dann auch ihre Stärken und Erfahrung besitzen (siehe auch Bild 14).

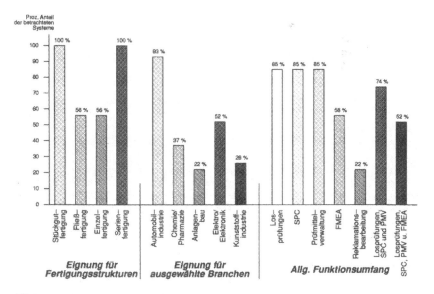

Bild 14: Eignung markterhältlicher CAQ-Systeme in bezug auf Fertigungsstrukturen und Branchen sowie all. Funktionsumfang /78/

3.2.3.2 Leistungsmerkmale

Der größte Nutzen von CAQ–Systemen ist sicherlich darin zu sehen, daß die enormen Datenmengen, die im Rahmen der innerbetrieblichen Qualitätssicherung anfallen, handhabbar werden. Handhabbar heißt dabei, daß die Daten rationell erfaßt und automatisiert verdichtet, weitergeleitet, verarbeitet, dargestellt und archiviert werden können.

Ohne den Einsatz von CAQ–Systemen wäre die Erfassung der Qualitätsdaten auch im heute notwendigen Umfang vielleicht möglich. Das reine Sammeln von Daten ist jedoch nicht Aufgabe der Qualitätssicherung. Erst die sinnvolle Auswertung und Verwendung dieser Informationen macht die eigentliche Qualitätssicherung aus. Und gerade dabei erreichen manuelle, nicht rechnerunterstützte, Methoden sehr schnell ihre Grenzen.

Mit Hilfe von CAQ–Systemen können Daten nach fast beliebigen Kriterien geordnet, ausgewertet und dargestellt werden. So sollen jederzeit und von jedem Ort aus momentan benötigte Informationen abgerufen werden können. Und dies mit einer Geschwindigkeit und Genauigkeit, die ohne die EDV undenkbar wäre.

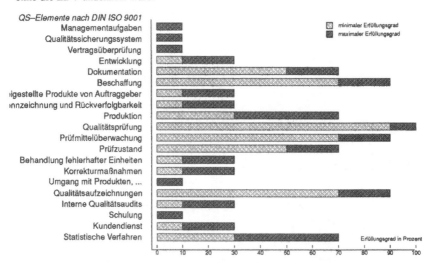

Bild 15: Erfüllungsgrad der DIN ISO 9001 durch heutige CAQ–Systeme

Ein weiterer Nutzen von CAQ–Systemen liegt in umfangreichen und leistungsfähigen Funktionen zur Verwaltung qualitätsbezogener Daten. Dies können sowohl Teile–, Kunden–, Lieferantendaten, als auch Prüfpläne, –aufträge, –ergebnisse oder Prüfmitteldaten sein. So ist beispielsweise in vielen CAQ–Systemen eine umfassende Prüfmittelverwaltung und –überwachung integriert.

Die Tätigkeiten im Bereich der Qualitäts– und Prüfplanung werden von CAQ–Systemen unterstützt und rationalisiert. Kreative Prozesse werden dem Menschen hierbei jedoch in keiner Weise abgenommen. Die Funktionen von CAQ–Systemen, die bis hinunter auf die Ebene der Prüfdatenerfassung, also bis an den Prüfplatz reichen, vereinfachen, rationalisieren und beschleunigen die Tätigkeiten und Vorgänge bei der Erfassung und gleichzeitigen Darstellung von Prüfdaten.

Daneben geht der Trend heutzutage immer mehr in Richtung normenkonformer CAQ–Systeme, d.h. Systeme, welche die Durchführung der qualitätssichernden Aufgaben gemäß der Normen

DIN ISO 9000–9004 bzw. der entsprechenden europäischen Normen EN 29000– 29004 unterstützen. Bild 15 gibt Anhaltspunkte darüber, in welchem Umfang heutige CAQ–Systeme die Forderungen der o.g. Normen bereits erfüllen.

Die folgende Aufstellung enthält nochmals die wichtigsten Anforderungen, die an heutige CAQ–Systeme gestellt werden.

- Die planerischen Tätigkeiten sollen durch geeignete Funktionen rationalisiert und vereinfacht werden.

- Die Durchführung von Prüfungen soll optimiert werden, was den Umfang der Prüfung und die dabei durchzuführenden Tätigkeiten betrifft.

- Die im Unternehmen an vielen verschiedenen Orten erfaßten Daten sollen kanalisiert, zusammengeführt und in einheitlicher Form für die weitere Verarbeitung gesammelt und bereitgestellt werden.

- Die Verarbeitung der erfaßten Daten soll beschleunigt, von manuellen Arbeiten weitestgehend befreit und um zusätzliche Möglichkeiten erweitert werden.

- Um die erfaßten Daten im Rahmen der Qualitätslenkung und des Qualitätsberichtswesens sinnvoll nutzen zu können, muß es leistungs–, anpassungs– und ausbaufähige Auswerte– und Darstellungsmöglichkeiten geben.

- Das CAQ–System muß komfortable Möglichkeiten zur Verwaltung von Prüfmitteln, Prüfplänen, Prüfaufträgen, Prüfergebnissen, Teile–, Kunden–, Lieferanten– und sonstigen Daten bieten.

- Das CAQ–System soll neben einem Qualitätssicherungssystem auch ein Qualitätsinformationssystem sein, um dem gestiegenen Informationsbedürfnis und der Notwendigkeit, benötigte Informationen zum gewünschten Zeitpunkt am richtigen Ort zur Verfügung zu haben, Rechnung zu tragen.

- Das CAQ–System soll keine Insellösung darstellen, sondern sich harmonisch in die funktionale und technische EDV–Struktur des Unternehmens eingliedern.

3.2.3.3 Funktionsweise

Das Grundelement in der Funktionsweise von CAQ–Systemen ist der Prüfplan.
In ihm sind für ein Produkt oder ein Teil alle Aktivitäten der Qualitätsprüfung in Art und Umfang festgelegt. Ein Prüfplan ist teilespezifisch und auftragsneutral. Weitere Abhängigkeiten des Prüfplans können bezüglich des Kunden, des Lieferanten oder des Produktionsortes gegeben sein.

Ein logischer Unterschied besteht zwischen Prüfplänen für die Produktion und solchen für den Wareneingang. Während bei letzteren die Anlieferung von Material oder Einzelteilen den Anlaß für eine Qualitätsprüfung bildet, ist bei der Produktion das Vorliegen eines Fertigungsauftrages (Kundenauftrag) der Anlaß. Prüfpläne für den Wareneingang sind neben ihrer Teileabhängigkeit meist lieferantenspezifisch, während solche für die Produktion kundenspezifisch sind.

Bei Vorliegen eines Prüfanlasses, also eines Wareneingangs oder eines Fertigungsauftrages, wird aus dem entsprechenden auftragsneutralen Prüfplan und den Auftragsdaten ein auftragsbezogener Prüfauftrag generiert. Dies wird von CAQ–Systemen automatisch durchgeführt.

Der Prüfauftrag liegt, zumindest in den benötigten Ausschnitten, am jeweiligen Prüfort vor und wird dort entsprechend der in ihm enthaltenen Prüfvorschriften durch Prüfergebnisse ausgefüllt. Die dabei entstehenden auftragsbezogenen Prüfdaten werden verdichtet, zu Informations– und Regelzwecken verarbeitet und dann, falls erforderlich, archiviert.

Anhand der Auswertung von Prüfergebnissen und der daraus gewonnenen Erkenntnisse werden Maßnahmen formuliert, welche wiederum Auswirkungen auf Qualitäts- und Prüfplanung haben. Diese Rückkoppelung geschieht jedoch, mit Ausnahme der Dynamisierung des Prüfaufwandes, nicht automatisch.

Aus den bisher abgeleiteten Anforderungen an CAQ–Systeme läßt sich eine logische Fünfteilung der Funktionalität (Bild 16) solcher Systeme erkennen. Jedes CAQ–System besteht demnach aus den Teilfunktionalitäten **Planung, Erfassung, Verarbeitung, Information** und **Verwaltung**.

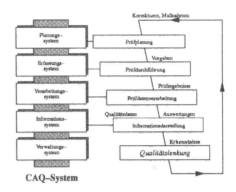

Bild 16: Funktions- und Wirkungskreislauf von CAQ–Systemen

Diese funktionale Aufteilung wird bei den meisten markterhältlichen Systemen bereits in der Menüstruktur des Programmes deutlich.

Die genannten fünf Funktionsbereiche ergänzen sich zum CAQ–System, indem sie untereinander Daten austauschen und gegenseitig auf ihrer Funktionalität aufbauen.

Die Funktionalität von CAQ–Systemen wird im allgemeinen in folgende Bereiche untergliedert:

- (Stamm–)Datenverwaltung
- Prüfplanung
- Prüfauftragsgenerierung u. –verwaltung
- Prüfdatenerfassung
- Qualitäts– und Prüfdatenauswertung
- Prüfmittelüberwachung

3.2.3.4 Prüfplanung

Ausgehend von Konstruktionszeichnung, Stückliste und Arbeitsplan hat der Prüfplaner u.a. die Aufgabe, Art und Umfang der qualitätssichernden Maßnahmen während der Entstehung eines Produktes festzulegen.

Beim Einsatz von CAQ–Systemen ist dies meist ein reines Ausfüllen von Bildschirmmasken mit Daten. Außer durch Textverarbeitungsfunktionen, wie einfügen, kopieren, löschen etc., wird der Prüfplaner bei dieser Tätigkeit kaum unterstützt. Der eigentliche kreative Planungsprozeß bleibt somit weiterhin dem Menschen mit seiner Erfahrung und seinem Wissen überlassen. Er wird dabei lediglich durch integrierte Funktionen von lästigen und zeitraubenden Tätigkeiten, wie Nachschlagen in Tabellen und der Verwaltung umfangreicher Unterlagen, befreit.

Der Prüfplan ist teilespezifisch und auftragsneutral. Er besteht normalerweise aus einem Prüfplankopf und einer, der Zahl der Qualitäts- bzw. Prüfmerkmale entsprechenden, Anzahl von Prüfschritten, die wiederum zu Prüffolgen (logisch und zeitlich zusammengehörige Prüfmerkmale) zusammengefaßt sein können.

Der Prüfplankopf enthält allgemeine Teile–Daten sowie prüfschrittübergreifende Angaben zur Durchführung und Dokumentation der Prüfung.

Für jedes zu prüfende Qualitätsmerkmal werden in einem Prüfschritt u.a. Prüfhäufigkeit, Prüfzeitpunkt, Prüfort, Prüfablauf, Prüfmethode, Prüfumfang, Prüfschärfe, Prüfmittel, Verwendungsvorschriften und die Art der Verarbeitung der erfaßten Daten festgelegt, wodurch es zum Prüfmerkmal wird.

Ob für ein Qualitätsmerkmal Prüfnotwendigkeit besteht, entscheidet der Prüfplaner aufgrund technologischer, kundenspezifischer und wirtschaftlicher Überlegungen. Bei der Prüfplanung spielen das Wissen und die Erfahrung des Durchführenden die entscheidende Rolle, während er durch das System lediglich von administrativen Funktionen unterstützt wird. Hier ist sicherlich ein Ansatzpunkt für zukünftige Überlegungen und Entwicklungen gegeben!

3.2.3.5 Prüfdatenerfassung

Eine wichtige Funktionalität von CAQ–Systemen ist die rationale und sichere Erfassung von Meß– und Prüfdaten. Die dabei zur Verfügung stehenden Funktionen umfassen die Übernahme der Prüfdaten vom Prüfer oder von Prüfmitteln sowie die Steuerung des Prüfungsablaufes.

Je nach Art der Prüfung stellt ein CAQ–System für die Durchführung verschiedene Funktionen zur Verfügung:

- ♦ 100%–Prüfung
- ♦ Stichproben–Prüfung
- ♦ Statistische Prozeßregelung

Während bei der 100%–Prüfung jedes gefertigte oder angelieferte Teil geprüft wird, beschränkt sich die Stichproben–Prüfung auf die Entnahme einer repräsentativen Teilmenge (Stichprobe) aus der Grundgesamtheit, um aus deren Qualität mit Hilfe mathematisch–statistischer Verfahren Rückschlüsse auf die Qualität der Grundgesamtheit zu ziehen.

In heutzutage marktüblichen CAQ–Systemen werden Stichprobensysteme, wie MIL-STD105–D, DIN 40080, ISO 3951 und ISO 2859 für die variable und attributive Prüfung verwendet, mit deren Hilfe abhängig von Losgröße und geforderter Qualität (z.B. "AQL") der Umfang der zu entnehmenden Stichprobe und der Annahmefaktor bzw. die Annahmezahl für das geprüfte Los bestimmt wird.

Durch die Null–Fehler Bestrebungen ist derzeit eine Abkehr von den einen Durchschlupf zulassenden AQL–Stichprobenplänen zu verzeichnen. Einige CAQ–Systemanbieter haben aus diesem Grund Möglichkeiten zur Eingabe firmenspezifischer Stichprobenpläne in das CAQ–System integriert.

Dynamisierung

Um den Prüfaufwand, auch einzelner Merkmale, an die aktuelle (z.B. in der Fertigung) oder gewohnte (z.B. im Wareneingang) Qualität anzupassen, bieten viele CAQ–Systeme die Möglichkeit, den Prüfaufwand in Abhängigkeit von der Qualitätshistorie zu variieren.

Diese Dynamisierung kann sowohl während einer laufenden Prüfung, als auch von einer Prüfung zur darauffolgenden (Prüfplan–Dynamisierung) vorgenommen werden. Im Extremfall kann diese Dynamisierung zu einem völligen, jedoch vorübergehenden Prüfverzicht ("Skip–Lot") führen.

Statistische Prozeßregelung (SPC)

Die Statistische Prozeßregelung (SPC, "Statistical Process Control") wird in der fertigungsbegleitenden Qualitätsprüfung zur direkten Regelung und Steuerung des Fertigungsprozesses aufgrund aktuell festgestellter Qualität eingesetzt.

Die typischen Funktionen von CAQ–Systemen für die Statistische Prozeßregelung sind:
- Prüfablaufsteuerung
- Logische Überprüfung erfaßter Prüfergebnisse
- Berechnung und Überwachung von Warn– und Eingriffsgrenzen
- Prozeßüberwachung (z.B. Erkennen von Trends, Middlethird, Runs etc.)
- Führen und darstellen von Qualitätsregelkarten (z.B. x–quer / s –, x–quer / R –, p–, np–, c–, u–Karten)
- Berechnung statistischer Kennwerte (z.b. Maschinenfähigkeitskennwert, Prozeßfähigkeitskennwert)

Prüfsteuerung

Am Ort der Prüfung liegt der Prüfauftrag vor, in welchem alle Vorgaben zur Prüfdurchführung und –steuerung enthalten sind.

Einige der wichtigsten Aufgaben der Prüfsteuerung sind:

- Führen des Prüfers im Prüfablauf (teile– oder merkmalsorientiert)
- Entlasten des Prüfers von zeitraubenden und fehlerträchtigen Tätigkeiten
- Verhinderung von Fehleingaben und Bedienungsfehlern bzw. das Warnen des Prüfers vor solchen
- Bereitstellen von Informationen zum Prüfablauf und zu den Vorgaben für die Prüfung
- Zuordnen erfaßter Daten zu Prüflingen, Stichproben, Aufträgen usw.
- Logische Überprüfung erfaßter Daten
- Steuerung des Datentransfers vom und zum Prüfmittel
- An– und abmelden sowie unter– und abbrechen und fortsetzen von Prüfungen
- Vorverarbeitung von Prüfdaten
- Anpassung des Prüfaufwandes (Prüfhäufigkeit, Prüfumfang) an die aktuelle Qualitätslage ("Dynamisierung")
- Aktuelle Darstellung von Prüfergebnissen
- Eingabemöglichkeiten für Kommentare und Ereignisse

3.2.3.6 Prüfdatenverarbeitung

Die Funktionen der Prüfdatenverarbeitung setzen in CAQ–Systemen unmittelbar auf den Erfassungsfunktionen auf. Die aufgenommenen Prüfdaten werden vorverarbeitet, verdichtet, aufbereitet und bewertet.

Hierbei kann man ganz grob unterscheiden zwischen kurzfristigen und langfristigen Aufgaben. Die 'kurzfristigen' Funktionen unterstützen das Erfassungssystem bei der Prüfdatenerfassung, indem sie aktuell erfaßte Daten vorverarbeiten und dem Erfassungssystem sofort wieder zur Einleitung geeigneter Maßnahmen zur Verfügung stellen.

Zu diesen Funktionen gehören:

- Berechnung von Warn– und Eingriffsgrenzen
- Vergleich von Soll– und Istwerten und Beurteilung dabei auftretender Differenzen
- Berechnung statistischer Kennwerte für die Statistische Prozeßregelung
- Vorverarbeitung von Prüfdaten zur Darstellung während der Prüfung
- Berechnung statistisch–mathematischer Kennwerte zur Datenverdichtung
- Verdichtung von Prüfdaten vor der Weiterleitung
- Berechnung von Korrektur– und Nachstelldaten für Bearbeitungsmaschinen

Zu den langfristigen Aufgaben der Prüfdatenverarbeitung gehören u.a.:

- Verdichten von Prüfdaten zur Archivierung
- Berechnung von Statistiken
- Auswertung von Qualitätsdaten nach verschiedensten Kriterien
- Analysen (z.B. nach Fehlern, Ursachen, Verursachern, Kosten, etc.)
- Ordnen und sortieren von Qualitätsdaten

Die zuletzt aufgeführten Funktionen und deren Ergebnisse bilden im allgemeinen die Grundlage für das Qualitätsinformationssystem.

3.2.3.7 Qualitäts- und Prüfdatenauswertung

Die Funktionen der Qualitäts- und Prüfdatenauswertung in CAQ-Systemen sollen qualitätsbezogene Informationen jederzeit und in gewünschter bzw. benötigter Form am richtigen Ort zur Verfügung stellen und bilden damit ein wichtiges Instrument zur Qualitätslenkung.

So können Qualitätsdaten beispielsweise auftrags-, chargen-, teile-, merkmals-, lieferanten-, zeitraum- oder kostenstellenspezifisch ausgewertet werden.

Diese Funktionalität der Informationsbereitstellung kann in die vier folgenden Bereiche aufgeteilt werden:

- **operative Ebene** (am Ort der Prüfung, Werker, Prüfer),
- **dispositive Ebene** (z.B. Kapazitätsplanung und prüfplatzübergreifende Disposition)
- **Planungsebene** (z.B. Prüfplanung, Prüfmittelverwaltung)
- **Management-Ebene** (Unternehmensführung)

In jedem dieser Bereiche, in jeder dieser Ebenen, werden unterschiedliche Informationen benötigt, die jedoch im wesentlichen auf denselben Daten basieren, nämlich jenen, die bei der Durchführung der Prüfung erfaßt wurden. Hinzu kommen natürlich einige allgemeingültige Daten, wie z.B. Prüfpläne, Stichprobentabellen, Teile-Daten usw.

3.2.3.8 Prüfmittelverwaltung und -überwachung

Diese Funktionen sind in fast allen CAQ-Systemen mehr oder weniger ausgeprägt:

- Verwalten der Prüfmittel
- Prüfmittelausgabe
- Prüfplanung für Prüfmittel
- Festlegung und Überwachung der Einsatzfähigkeit
- Durchführung der Prüfmittelüberwachung
- Langzeitauswertung der Prüfmittel

Im Rahmen des Rechnerunterstützten Qualitätssicherungssystems gilt es daher, die o.g. Funktionen methodisch und informationstechnisch untereinander sowie mit eng angrenzenden Gebieten, wie z.B. der Prüfplanung (Prüfmitteleinsatzplanung), zu koppeln (siehe 5.5.10 und 5.5.12.3).

4 Qualitätssicherungssysteme und DIN ISO 9000 ff.

4.1 Grundlagen

Der Begriff "Qualitätssicherungssystem" ist in der Norm DIN ISO 8402 /50/ bzw. DIN 55 350 Teil 11 /49/ folgendermaßen definiert:

"Die festgelegte Aufbau– und Ablauforganisation zur Durchführung der Qualitätssicherung sowie die dazu erforderlichen Mittel."

"Qualitätssicherung" bedeutet nach DIN 55 350 /49/:

"Gesamtheit der Tätigkeiten des Qualitätsmanagements, der Qualitätsplanung, der Qualitätslenkung und der Qualitätsprüfungen."

Da der Begriff "Qualitätsmanagement" in diesem Zusammenhang ebenfalls noch von Bedeutung ist, soll auch diese Definition noch genannt werden:

"Derjenige Aspekt der Gesamtführungsaufgabe, welcher die Qualitätspolitik festlegt und zur Ausführung bringt."

Die zunehmende internationale Ausrichtung der Unternehmen im Wettbewerb erfordert vergleichbare Qualitätsstandards. Diese Standards beziehen sich jedoch zum großen Teil nicht auf bestimmte Produkte, sondern vielmehr auf die Gesamtheit der Maßnahmen, die innerhalb eines Unternehmens ergriffen werden, um eine gleichbleibend, garantiert hohe Qualität der Produkte sicherzustellen.
Diese Maßnahmen sind unter dem o.g. Begriff Qualitätssicherungssystem zusammenzufassen.

4.1.1 Zielsetzung und Aufgaben eines Qualitätssicherungssystems

Ein Unternehmen kann als Subsystem des Systems "Volkswirtschaft" verstanden werden. In einem nächsten Detaillierungsschritt ist das Qualitätssicherungssystem als Subsystem des Systems "Unternehmen" zu definieren, welches wiederum in seine Elemente, die Qualitätssicherungselemente, untergliedert werden kann (Bild 17).

Aus systemtechnischer Sicht ist das Qualitätssicherungssystem folgendermaßen zu charakterisieren:

- Das Qualitätssicherungssystem ist ein <u>offenes System</u>.
  Es bestehen vielfältige Beziehungen zu seiner Umwelt, d.h. zu dem übergeordneten System 'Unternehmen', zu den Kunden und Lieferanten, zur Gesellschaft allgemein, etc.
- Es ist ein <u>dynamisches System</u>, da eine Vielzahl von Tätigkeiten, Funktionen, Prozesse existieren, die den Systemzustand fortwährend ändern.
- Es ist ein <u>komplexes System</u>, da eine große Anzahl von Elementen in einem multilateralen Beziehungsgeflecht existiert.
- Es ist ein <u>reales System</u>, das durch Störungen beeinflußt werden kann.
- Es ist ein <u>probabilistisches System</u>, da weder Umwelteinflüsse noch innere Elemente des Systems deterministisch beschrieben werden können.

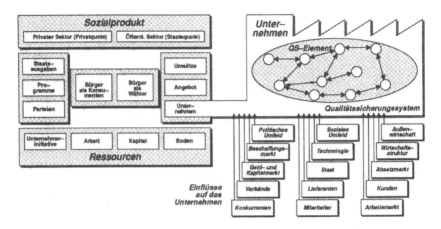

Bild 17: Das Qualitätssicherungssystem als soziotechnisches Subsystem des Systems Unternehmen (in Anlehnung an /12, 85/)

DIN ISO 8402 definiert das Qualitätssicherungssystem als

"die Aufbauorganisation, Verantwortlichkeiten, Abläufe, Verfahren und Mittel zur Verwirklichung des Qualitätsmanagements" /50/.

Aus Unternehmenssicht ist das Qualitätssicherungssystem die dokumentierte Gesamtheit aller Tätigkeiten/Funktionen, Regelungen, Maßnahmen und Methoden/Verfahren, die sicherstellen sollen, daß Produkte und Dienstleistungen wirtschaftlich und kontinuierlich in geforderter Qualität 'hergestellt' und den Abnehmern in geforderter Menge sowie zum vereinbarten Termin zur Verfügung gestellt werden können.

Aus Sicht der Unternehmensleitung dient das Qualitätssicherungssystem zur Verwirklichung der Qualitätspolitik, die ihrerseits ein Teil der Unternehmenspolitik ist. Die sich daraus ergebenden Zusammenhänge zwischen Qualitätspolitik, Qualitätsmanagement und Qualitätssicherungssystem erläutert Kalinoski /25/ durch folgende Analogie:

"Die Qualitätspolitik entspricht der Landkarte und den Verkehrsregeln.
Das Qualitätsmanagement ist der Fahrer und
das Qualitätssicherungssystem ist das Fahrzeug."

Im Gegensatz zur häufig fälschlicherweise anzutreffenden Meinung, ein Qualitätssicherungssystem sei, z.B. ähnlich einem Produktionsplanungs- und -steuerungssystem, ein EDV-System, hat ein Qualitätssicherungssystem zunächst (per Definition) nichts mit einer Rechnerunterstützung zu tun, sondern beinhaltet ausschließlich organisatorische Aspekte innerhalb eines Unternehmens. Diese (falsche) Meinung entspringt wahrscheinlich der in den letzten Jahrzehnten ebenso fälschlicherweise (wie man allmählich feststellt) verfolgten Philosophie "Automatisieren vor organisieren".

Bei der Einführung eines Qualitätssicherungssystems geht es zunächst darum, zu "organisieren". Selbstverständlich ergeben sich innerhalb einer solchen Organisation Funktionen und Tätigkeiten, für die sich aus Vereinfachungs- oder Rationalisierungsgründen eine Rechnerunterstützung anbietet. Außerdem ist ein Qualitätssicherungssystem, wie oben beschrieben, ein offenes System, welches notwendigerweise mit seiner Umwelt in enger Beziehung steht und stehen muß, um die gestellten Aufgaben erfüllen zu können. Diese Umwelt ist sehr vielschichtig, da sie nach

dem neuen Qualitätsbegriff nicht nur das gesamte Unternehmen, sondern, als dessen Subsystem, auch dessen Schnittstellen zur Unternehmensumwelt einschließt.
Wie oben bereits erwähnt, geht die Industrie zunehmend dazu über, neben der Produktqualität vor allem nach der Qualität der produkterzeugenden Prozesse des Zulieferers zu fragen. Unter Prozessen werden hierbei allerdings nicht nur Fertigungsprozesse verstanden, sondern in gleichem Maße

- Planungsprozesse,
- Entwicklungs- und Konstruktionsprozesse,
- administrative und organisatorische Prozesse,
- Verwaltungsprozesse (z.b. Auftragsabwicklung) und
- Kontroll- und Regelungsmechanismen zur Sicherstellung der Produktqualität.

Die wichtigsten Forderungen, die neben den erwähnten Normenforderungen an ein Qualitätssicherungssystem gestellt werden, sind

- interne Forderungen,
  - dauerhafte Existenzfähigkeit und Wirtschaftlichkeit,
  - zufriedene Kunden,
  - anforderungsgerechte, preislich angemessene und rechtzeitig lieferbare Produkte
- externe Forderungen
  - implizit system- (produkt-)bezogene Forderungen,
  - explizit systembezogene Forderungen,
- rechtliche Forderungen (z.b. Produkthaftungsgesetz)
  - Organisationsverantwortung,
  - Konstruktionsverantwortung,
  - Produktionsverantwortung,
  - Instruktionsverantwortung,
  - Produktbeobachtungspflicht
- sowie Forderungen der allgemeinen Rechtsprechung, resultierend z.B. aus BGB, HGB, StGB, AGBG, GewO.

Extern spezifizierte und formulierte Forderungen, die sich auf das Qualitätssicherungssystem beziehen, werden hauptsächlich von Abnehmern der Produkte gestellt.
Solche Forderungen sind meist branchenspezifisch, wie z.B.

- Forderungen der Automobilhersteller, z.B. von BMW, Mercedes Benz, Ford (/67, 68, 69/)
- Forderungen von Verbänden (z.B. /82/ des VDA ("Verband der Automobilindustrie e.V.")
- Forderungen im Bereich der chemisch-/pharmazeutischen und Lebensmittelindustrie, wie GLP ("Good Laboratory Practice") und GMP ("Good Manufacturing Practice")

Die Normen DIN ISO 9001, 9002 und 9003 (/53-55/) unter Berücksichtigung der Empfehlungen aus DIN ISO 9004 (/56/) werden herangezogen, um Qualitätssicherungssysteme, bestehend aus den o.g. Prozessen, auf ihre Qualitätsfähigkeit hin zu beurteilen.
Unabhängige Zertifizierstellen ziehen für solche Beurteilungen eigene Fragebogen und Checklisten heran, die auf diesen Normen basieren, die Normenforderungen jedoch teilweise bereits interpretieren und so formulieren, daß sie 'abfragbar' werden.

4.1.2 Die Normenreihe DIN ISO 9000–9004

4.1.2.1 Entstehung

In den letzten Jahren wurden Bemühungen unternommen, die aufbau– und ablauforganisatorischen Gegebenheiten innerhalb eines Unternehmens zu definieren, zu gliedern und entsprechende Anhaltspunkte und Forderungen zu deren genereller Qualitätsfähigkeit festzulegen.

Das Ergebnis ist die Normenreihe ISO 9000–9004, die zunächst als deutsche Norm DIN ISO 9000–9004 und dann als Europanorm EN 29000–29004 übernommen wurde /51, 53, 54, 55, 56/. Mittlerweile ist die ISO 9000–9004 von allen wesentlichen Industrienationen der Erde anerkannt und eingeführt worden.

4.1.2.2 Zertifizierung von Qualitätssicherungssystemen

Bisher war es so, daß Abnehmer, u.U. mehrmals jährlich die Qualitätssicherungsorganisation, also im wesentlichen das Qualitätssicherungssystem ihrer Zulieferanten überprüften ("Audit", "auditieren"), um sich von der kontinuierlichen Qualitätsfähigkeit zu überzeugen.

Die Auditierung von Qualitätssicherungssystemen durch unabhängige Prüfstellen auf Grundlage der DIN ISO 9001–9003 soll eine einheitliche, zuverlässige Beurteilung sicherstellen und zielt darauf ab, die zeit– und kostenintensive Auditierung durch Abnehmer zu ersetzen. Nach erfolgreicher Auditierung durch eine unabhängige Prüfstelle erhält das auditierte Unternehmen ein entsprechendes Zertifikat, d.h. das Unternehmen ist dann nach DIN ISO 9001, 9002 oder 9003 zertifiziert.

Nebenbei bemerkt wird die Qualitätssicherungssystem–Zertifizierung im EG–Binnenmarkt ab 1993 in vielen Fällen die Voraussetzung für eine Produktzertifizierung oder eine Produktkonformitätserklärung sein. Die Zertifizierung ist ganz allgemein die formelle Anerkennung der Konformität eines Erzeugnisses, Verfahrens oder einer Dienstleistung mit einem normativen Dokument. Die Zertifizierung eines Qualitätssicherungssystems ist danach die Zertifizierung eines Verfahrens, nämlich der Gesamtheit aller Maßnahmen zur permanenten Sicherstellung der Produktqualität. Ein Zertifikat nach DIN ISO 9001, 9002 oder 9003 sagt aus, daß die in der entsprechenden Norm aufgestellten Forderungen im Unternehmen erfüllt sind.

Während in Ländern wie Frankreich, England und der Schweiz bereits tausende von Unternehmen durch nationale Zertifizierungsstellen nach ISO 9001, 9002 oder 9003 zertifiziert sind, haben in der Bundesrepublik Deutschland bisher erst 300 bis 350 Firmen ein derartiges Zertifikat erhalten. Eine Umfrage hat jedoch ergeben, daß sich in der Bundesrepublik in den nächsten Jahren über 200.000 Unternehmen zertifizieren lassen wollen !

4.2 Definition der CA–Fähigkeit von Aufgaben

Ein Qualitätssicherungssystem ist, wie bereits an anderer Stelle erwähnt, ein komplexes System aufbau– und ablauforganisatorischer Regelungen, Festlegungen und Maßnahmen, welches zunächst nichts mit einer Rechnerunterstützung zu tun hat.

Wie an vielen Stellen innerhalb eines Unternehmens ist es jedoch unter bestimmten Bedingungen und Voraussetzungen möglich und sinnvoll, Tätigkeiten von Personen oder die Schnittstellen zwischen solchen Tätigkeiten (z.B. Austausch oder Verteilung von Informationen, Zugriff auf Daten etc.) durch den Einsatz von rechnergestützten Lösungen zu unterstützen.

Einige Tatsachen, die sich bei der Implementierung von Qualitätssicherungssystemen und bei der Einführung rechnerunterstützter Lösungen in unterschiedlichsten Unternehmen immer wieder gezeigt haben, sollen hier nochmals deutlich hervorgehoben werden:

- Ein effektiv funktionierendes, normenkonformes und zertifizierfähiges Qualitätssicherungssystem läßt sich ohne jegliche Rechnerunterstützung realisieren.

- Eine Rechnerunterstützung ist nur dann sinnvoll, wenn die organisatorischen Randbedingungen stimmen, d.h. wenn Aufbau– und Ablauforganisation (in bezug auf das QS–System) entsprechend der Belange und Erfordernisse des jeweiligen Unternehmens festgelegt, anerkannt, gelebt und hinreichend dokumentiert sind.

- Eine effiziente und gut funktionierende 'manuelle' (Einzel–)Lösung ist in jedem Fall einer aufgezwungenen, nicht optimalen und mit vielen Kompromissen behafteten (unsicheren) EDV–Lösung vorzuziehen.

- Rechnerunterstützte Lösungen sind 'manuellen' nur dann vorzuziehen, wenn sich kurz–, mittel– oder langfristig Vorteile für das Unternehmen ergeben.

Zur Bewertung und Begründung der CA–Fähigkeit der aus den Normenforderungen abgeleiteten Aufgaben werden folgende Kriterien herangezogen, die eine Rechnerunterstützung als sinnvoll kennzeichnen:

- Beschleunigung und Rationalisierung einfacher manueller Tätigkeiten
- Vermeidung von Fehlern, die bei manueller Durchführung möglich (und wahrscheinlich) sind
- Bearbeitung und Aufbewahrung (–> Speicherung) großer Daten–/ Informationsmengen
- Verwendung/Bereitstellung von Daten/Informationen aus/für mehrere(n) (Tätigkeits–)Bereiche(n)
- Notwendigkeit zur kombinierten Verwendung von Daten/Informationen aus mehreren (Tätigkeits–)Bereichen zur Generierung neuer Informationen
- Ermöglichung von Auswertungen, die manuell aufgrund des erforderlichen (Zeit–)Aufwandes nicht (rationell) möglich sind
- Schnelle (zeitaktuelle) Bereitstellung von Informationen
- QS–Tätigkeiten, die auf Daten/Informationen bereits rechnerunterstützter Funktionen zugreifen (sollten)

Eine wichtige Voraussetzung für den Einsatz rechnerunterstützter Lösungen ist die Verfügbarkeit

- geeigneter Rechner in verschiedenen Ebenen des Unternehmens sowie
- von sogenannter Datenein–/ausgabeperipherie, wie z.B. Terminals, Datensichtgeräte oder Personal Computer

in allen Bereichen und an allen Arbeitsplätzen, wo entsprechende Funktionen zum Einsatz kommen sollen.

Diese EDV–Geräte müssen datentechnisch miteinander verbunden ("vernetzt") sein, was innerhalb von Unternehmen normalerweise durch sogenannte "Local Area Networks (LAN)" geschehen kann.

Im übrigen sei an dieser Stelle auf die Ausführungen zu den technischen Merkmalen von CAQ–Systemen (Abschnitt 3.2.1) verwiesen. Dort sind die wesentlichsten Konzepte bezüglich Hardware–Konfiguration, Datenhaltung und Kommunikation beschrieben, wie sie auch hier als Voraussetzung für einen flächendeckenden Einsatz rechnerunterstützter Funktionen gelten.

4.3 Analyse der Forderungen aus der DIN ISO 9001

Die DIN ISO 9001 als umfangreichste der Nachweisstufen beschreibt in zwanzig Hauptkapiteln Forderungen, die nach Qualitätssicherungsaufgaben bzw. –elementen gegliedert sind. Der Anspruch dieser Norm, produkt– und unternehmensunabhängig zu sein, äußert sich im globalen Charakter dieser Forderungen. Trotz der fordernden "muß"–Formulierungen läßt der Inhalt großen Interpretationsspielraum bezüglich der Erfüllung der Forderungen. Dies wird durch die Formulierung in Textform sowie eine mangelnde Unterscheidung zwischen übergeordneten und spezifizierenden sowie zusammengehörigen Forderungen verstärkt.

Bis auf wenige Ausnahmen kann jedem Kapitel der DIN ISO 9001 inhaltlich ein Abschnitt der DIN ISO 9004 zugeordnet werden, in welchem, unter Verwendung einer "soll"–Formulierung (Empfehlungen, Hinweise) zumeist Wiederholungen, Ergänzungen oder Präzisierungen aufgeführt sind.

Um letztere für die Definition von (rechnerunterstützbaren) Aufgaben und Funktionen zusätzlich zu den expliziten Forderungen der DIN ISO 9001 zu nutzen, empfiehlt sich eine Kombination der QS–Elemente dieser beiden Normen(teile).

Aus dieser Kombination ergibt sich einerseits die inhaltliche Ergänzung oder Präzisierung der Forderungen aus DIN ISO 9001 durch entsprechende Erläuterungen und Empfehlungen aus DIN ISO 9004. Andererseits wird die Liste der QS–Elemente um das ganz wesentliche, in DIN ISO 9001 nicht explizit genannte, der "(Wirtschaftlichkeit – Überlegungen zu) qualitätsbezogene(n) Kosten" (Abschnitt 6 der DIN ISO 9004) als QS–Element Nr. 21 erweitert (vgl. Bild 19).

Außerdem existiert in der DIN ISO 9004 der Abschnitt 19 "Produktsicherheit und Produkthaftung", der in DIN ISO 9001 nicht berücksichtigt wird. Nach /12/ sind rechtliche Forderungen an die Produktsicherheit, die sich aus der Produkthaftung ableiten, in praktisch allen Phasen der Produktentstehung und –nutzung zu berücksichtigen. Daher sollen diese Forderungen nicht in einem zusätzlichen QS–Element zusammengefaßt, sondern bei der Behandlung der übrigen Elemente berücksichtigt werden.

4.3.1 Definitionen

Da im folgenden von "Forderungen", "Aufgaben" und "Funktionen" die Rede sein wird, sollen diese Begriffe bezüglich ihrer Verwendung in dieser Arbeit zunächst definiert und in Form eines einfachen Beispiels erläutert werden.

- Eine *Forderung* ist die im Text eines QS–Elementes der Normen DIN ISO 9000 ff. enthaltene Formulierung eines Zielsachverhaltes, meist unter Verwendung der Hilfsverben "sollen" (DIN ISO 9004) oder "müssen" (DIN ISO 9001), i.a. ohne die Angabe von Maßnahmen, die zur Erreichung dieses Sollzustandes dienen.

- Eine *Aufgabe* ist meist ein global umrissenes Maßnahmenbündel aufbau– oder ablauforganisatorischen Charakters, welches zur Erreichung eines Sollzustandes oder Sollablaufes geeignet ist.

- Eine *Funktion* ist eine klar definierte Tätigkeit (oder ein Ablauf), die für sich oder durch ihr Ergebnis den Sollablauf oder –zustand realisieren kann. Durch den meist direkten Übergang von Aufgaben zu Funktionen kann diese Realisierung i.a. nur durch die Kombination von Unter– bzw. Teilfunktionen einer Funktion geschehen.
  Im Rahmen dieser Arbeit werden unter Funktionen hauptsächlich rechnerunterstützbare Funktionen verstanden bzw. nur diese werden betrachtet.

Beispiel:

Abschnitt 4.1.1 der DIN ISO 9001 stellt bezüglich der Qualitätspolitik folgende Forderungen auf (Originaltext der Norm):

"Die oberste Leitung des Lieferanten muß ihre Politik sowie ihre Zielsetzungen und ihre Verpflichtung zur Qualität festlegen und dokumentieren. Der Lieferant muß sicherstellen, daß diese Politik auf allen Ebenen der Organisation verstanden, verwirklicht und beachtet wird."

Es lassen sich (im Hinblick auf eine Rechnerunterstützung) u.a. folgende Einzelforderungen ableiten:

- Die Qualitätspolitik *muß*, nachdem sie festgelegt wurde, dokumentiert werden.
- Die Qualitätspolitik *muß*, um verstanden, verwirklicht und beachtet zu werden, verteilt werden oder von jedermann zugänglich sein.

Die Aufgaben, die sich (in dieser Reihenfolge) aus den beiden Forderungen ergeben, sind:

- Der Text der Qualitätspolitik muß in Form von Papier oder als Rechnerdokument existieren und somit erstellt werden.
- Dieses Dokument muß allen Mitarbeitern zugänglich gemacht werden.

Beide Aufgaben enthalten jeweils ein Maßnahmenbündel, welches in rechnerunterstützbare und nicht CA–relevante Funktionen überführt werden kann:

- Erstellung des Qualitätspolitik–Dokumentes mit Hilfe von Textverarbeitungsfunktionen.
- Verteilung des Dokumentes z.B. per Hauspost oder in Form von Plakaten (nicht CA–relevant) oder z.B. durch Electronic Mail an jeden Mitarbeiter (CA–Funktion).

4.3.2 Klassifikation und Zuordnung der QS–Elemente

Für das Verständnis der Normenforderungen und damit der QS–Elemente ist es wichtig, die Brücke zu schlagen zwischen der theoretischen Formulierung von Forderungen in den Normen zu praktischen aufbau– und ablauforganisatorischen Gegebenheiten innerhalb des Unternehmens.

Obwohl die Zuordnung der einzelnen QS–Elemente zu Organisationseinheiten auf den ersten Blick einfach erscheinen mag, ergeben sich bei näherer Betrachtung vielfältige Verflechtungen, die sich i.a. nicht eindeutig auflösen lassen. Mit Hilfe verschiedener Betrachtungsweisen kann daher zwar kein eindeutiges Zuordnungsmodell geschaffen werden, jedoch soll versucht werden, quasi ein Gefühl dafür zu entwickeln, wie das aus den Normenforderungen resultierende, qualitätsbezogene Unternehmensmodell mit dem realen Unternehmen korrespondiert.

Entsprechend des in Abschnitt 2.1.1 betrachteten technisch–/betriebswirtschaftlich– und systembezogenen Ansatzes nach Scheer /75/ (vgl. Bild 3, Seite 22) liegt zunächst der Versuch nahe, den dort enthaltenen Systemen die QS–Elemente inhaltlich zuzuordnen.

Eine andere Möglichkeit besteht darin, klassischen Organisationseinheiten eines Unternehmens die inhaltlich (schwerpunktmäßig) auf sie bezogenen QS–Elemente zuzuordnen. Das Ergebnis nach /7/ ist in Bild 18 dargestellt.

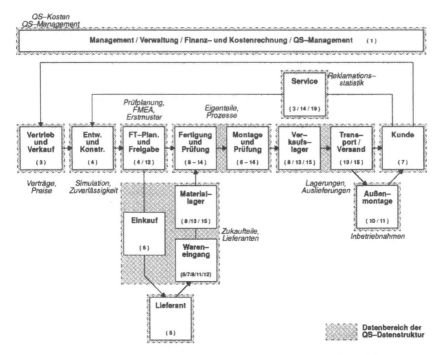

Bild 18: Organisation eines Unternehmens mit Zuordnung der DIN ISO 9001–Elemente und der QS–Datenstruktur (nach /7/)

In diesem Modell werden auch bereits Daten bzw. Informationen berücksichtigt, die innerhalb der Funktionsbereiche relevant sind. Nach /7/ sind diese "Datenbereiche" folgendermaßen definiert:

QS–Management	Verdichtete Form der QS–Informationen für das Management
QS–Kosten	Bestandteil der Gesamtkostenrechnung und detailliert nach QS–Gesichtspunkten
Preise, Verträge	Übersicht für den Vertrieb, welche Qualität zu welchen Preisen angeboten werden kann
Simulation	Simulationsergebnisse aus der Entwicklungsphase der Produkte
Zuverlässigkeit	Ergebnisse der Zuverlässigkeitsuntersuchungen (zum Vergleich mit der Ausfallstatistik)
FMEA, Prüfplanung	Konstruktions– und Fertigungs–FMEA und Prüfplanung für fremd– und eigengefertigte Teile
Erstmuster	Ergebnisse der Erstmusteruntersuchungen und deren Freigaben
Fremdteile, Lieferanten	Qualitätsdaten der Fremdteile mit Bezug zu den Lieferanten
Eigenteile, Prozesse	Qualitätsdaten der eigengefertigten Teile mit Bezug zu den Maschinen und Prozessen
Lagerung, Auslieferungen	Qualität der Produkte am Lager und zum Zeitpunkt der Auslieferung (Verfallsdatum)
Inbetriebnahmen	Qualität der Produkte und Dokumentationen bei Inbetriebnahme
Reklamationsstatistik	Qualität der Produkte beim Kunden (in der Weiterverarbeitung) oder Endkunden (Nutzung)

Beide Zuordnungsmöglichkeiten erscheinen sehr global und sind letztlich von der Organisation des betrachteten Unternehmens abhängig.
Eine andere Möglichkeit, die QS–Elemente den Abläufen innerhalb eines Unternehmens zuzuordnen besteht darin, sie auf den Produktlebenszyklus zu beziehen.

Nach /12/ lassen sich die (nun 21) QS–Elemente in Abhängigkeit von ihrer Beziehung zum Produktlebenszyklus in sechs Kategorien einteilen (vgl. Bild 19):

- ♦ <u>Produktphasenbezogene Elemente</u>
  Diese Elemente spielen eine zentrale Rolle, da sie in komprimierter Form den Qualitätskreis (Bild 4, Seite 23) abbilden und dabei den gesamten Produktentstehungs– und –verwendungsprozeß abdecken.

- ♦ <u>Produktphasenübergreifende Elemente</u>
  In diesen Elementen sind Tätigkeiten und Funktionen zusammengefaßt, die in mehreren Produktphasen zum Einsatz kommen können. Eine Ausnahme bildet in diesem Zusammenhang das Element 15 der DIN ISO 9001 (Abschnitt 4.15, "Handhabung, Lagerung, Verpackung und Versand"), da Verpackung und Versand eindeutig den Produktphasen zuzuordnen sind, während Handhabung und Lagerung in bzw. zwischen mehreren Produktphasen auftreten kann. Aus diesem Grund werden erstere Punkte den produktphasenbezogenen und letztere den produktphasenübergreifenden Elementen zugeordnet.
  In Bild 19 ist diese Aufspaltung entsprechend kenntlich gemacht.

- ♦ <u>Elemente mit produktphasenübergreifendem *und* –unabhängigem Charakter</u>
  In dieser Kategorie sind Elemente zusammengefaßt, deren Inhalte, je nach Untergliederungspunkt bzw. Einsatzgebiet oder –zeitpunkt sowohl produktphasenübergreifenden als auch –unabhängigen Charakter besitzen können.
  Beispiel: "Schulung/Personal" (Element 18):
  Maßnahmen bei Personaleinstellung –> produktphasenunabhängig
  Unterweisung von Mitarbeitern –> produktphasenübergreifend

- ♦ <u>Produktphasenunabhängige Elemente</u>
  Diese Elemente haben vollständig übergreifenden Charakter, ohne in Einzelfällen bestimmten Produktphasen zugeordnet werden zu können.

- ♦ <u>Produktgruppenspezifisches und phasenübergreifendes Element</u>
  Dieses Element, "Vom Auftraggeber beigestellte Produkte", umfaßt ausschließlich Tätigkeiten, die sich auf eine bestimmte Gruppe von Produkten beziehen.

- ♦ <u>Übergeordnetes Element</u>
  Das übergreifende Element "Verantwortung der obersten Leitung" umfaßt alle Tätigkeiten, die von der Unternehmensleitung wahrzunehmen sind, um das Funktionieren des Qualitätssicherungssystems sicherzustellen.

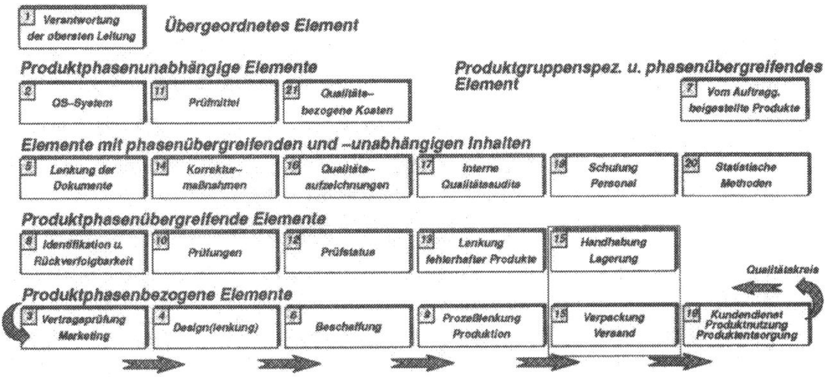

<u>Bild 19:</u> Klassifikation der QS–Elemente nach Art der Zuordnung

Diese Kategorisierung der QS-Elemente wird sich später auch in der Ausprägung der Realisierung durch rechnerunterstützte Funktionen wiederspiegeln. Eine andere Möglichkeit der Einteilung der QS-Elemente besteht darin, sie entweder bestimmten innerbetrieblichen (CA-)Funktionsbereichen oder organisatorischen Unternehmensbereichen zuzuordnen.

4.3.3 Ableitung von Forderungen und Aufgaben

Im folgenden sollen nun aus den Qualitätssicherungselementen gemäß DIN ISO 9000 ff. Forderungen abgeleitet werden, die sich als Aufgaben formulieren und als rechnerunterstützte Funktionen realisieren lassen. Wie sich später zeigen wird (vgl. Bild 21), ist der Versuch nicht sinnvoll, die einzelnen aus den Normen ableitbaren Forderungen Punkt für Punkt auf ihre Eignung hin zu untersuchen, als rechnerunterstützte Lösung realisiert zu werden. Deshalb werden nachfolgend zwar die einzelnen Elemente für sich betrachtet und deren Unterpunkte einzeln mit (interpretierten) Forderungen versehen, die Ableitung CA-fähiger Aufgaben und Funktionen wird jedoch global auf das gesamte Element bezogen.

Dabei werden entsprechend der Zielrichtung der vorliegenden Arbeit aus der für jedes QS-Element ableitbaren großen Anzahl von Aufgaben nur jene aufgeführt, die zur Realisierung und Aufrechterhaltung des Qualitätssicherungssystems dienen und solche, die sich gleichzeitig möglicherweise für eine Rechnerunterstützung eignen.

Die nachfolgenden Ausführungen zu den einzelnen QS-Elementen beziehen sich auf die Tabellen in Kapitel 7.1, in welchen jeweils auf der linken Seite die Gliederungspunkte der DIN ISO 9001 bzw. 9004 (Originaltext) und im rechten Teil die aus dem Normentext ableitbaren Forderungen aufgeführt sind. Freie Felder im rechten Teil bedeuten, daß zum entsprechenden Normenpunkt der linken Seite keine oder nur globale, sich auf die folgenden Unterpunkte beziehende, Ausführungen enthalten sind.
Kursiv gedruckte Gliederungspunkte im linken Teil bedeuten, daß der entsprechende Abschnitt der Norm keine Überschrift besitzt und daher eine beschreibende Erläuterung verwendet wurde.

Verantwortung der obersten Leitung

Das QS-Element "Verantwortung der obersten Leitung" spricht das Management des Unternehmens an und stellt organisatorische und personalbezogene Forderungen auf.

Als rechnerunterstützbare Funktionen lassen sich ableiten:

- Dokumentation der Qualitätspolitik
  Die Qualitätspolitik ist ein Text, der, ggf. auch in Verbindung bzw. als Bestandteil des Qualitätssicherungshandbuches, z.B. mit Hilfe von Textverarbeitungsfunktionen erstellt werden kann.

- Bekanntmachung ("Verteilung") der Qualitätspolitik
  Dies kann entweder zusammen mit den Funktionen zur Herausgabe/Verteilung des Qualitätssicherungshandbuches oder als eigenständige, von jedem Mitarbeiter abrufbare Information durch ein Mailing-System geschehen, wodurch der Forderung des Nachweises der Bekanntmachung Rechnung getragen würde.

- Erstellung und Pflege eines Organisationsplanes mit Benennung aller Stellen und Abteilungen sowie der Stelleninhaber

- Erstellung und Verwaltung von Stellen- und Aufgabenbeschreibungen für QS-relevante Tätigkeiten mit Festlegung von Zuständigkeiten, Befugnissen (Kompetenzen), Verantwortlichkeiten, Vertretungsregelungen und gegenseitigen Beziehungen der Mitarbeiter sowie beispielsweise fachlicher und disziplinarischer Unterstellungsverhältnisse

♦ Erstellung und Pflege einer Aufstellung (z.b. Matrix) aller qualitätsbezogener Aufgaben sowie deren Zuordnung zu Organisationseinheiten hinsichtlich Durchführung, Mitwirkung, Information usw. sowie der Informationswege (Schnittstellen); Informieren der Mitarbeiter über die sie betreffenden QS–Maßnahmen.

♦ Kennzahlen(auswerte)system zur kontinuierlichen Überwachung der Wirksamkeit des Qualitätssicherungssystems

♦ Hilfsmittel zur Planung (z.b. Projektmanagement–, Zeitplanungssystem, Erstellung von Audit–Prüfplänen), Durchführung (Audit–Checklisten und –fragenkataloge) und Auswertung (Audit–Berichte, graphische Darstellung z.b. von Realisierungsgraden, Fehlerschwerpunkten etc.) von System–, Prozeß– und Produkt–Audits, zur Darstellung und Aufbewahrung der Audit–Ergebnisse sowie zur Maßnahmenüberwachung

♦ Verschiedene Funktionen zur Auswertung und Darstellung von Qualitätsdaten als Grundlage für Entscheidungen und zur Qualitätslenkung

Qualitätssicherungssystem

Die Forderungen des QS–Elementes "Qualitätssicherungssystem" lassen sich in bezug auf die Rechnerunterstützung im wesentlichen auf die Dokumentation des QSS in Form des Qualitätssicherungshandbuches (QSH) sowie etwaiger Verfahrens– und Arbeitsanweisungen zurückführen (siehe auch QS–Element "Lenkung der Dokumente").

Eine sinnvolle Rechnerunterstützung umfaßt hierbei alle Funktionen zur

♦ Erstellung,

♦ Wartung und Pflege,

♦ Genehmigung und Freigabe sowie

♦ Herausgabe und Einziehung

des QSH bzw. dessen Teile sowie zugeordneter Dokumente und stellt damit im weitesten Sinne eine Dokumentenverwaltung dar.

Hinzu kommen klassische Methoden und entsprechende rechnerunterstützte Hilfsmittel des Projektmanagements zur Planung, Durchführung, Überwachung und Auswertung jeglicher Art interner Projekte und Maßnahmen, die zur Einrichtung, Aufrechterhaltung und Verbesserung des Qualitätssicherungssystems durchgeführt werden.

Vertragsüberprüfung, Marketing

Das QS–Element "Vertragsüberprüfung" beschreibt Forderungen, die sich auf die Festlegung der (Qualitäts–)Anforderungen an das Produkt, die Erstellung und Überprüfung aller Vertragsbestandteile sowie die Dokumentation der Verifikationen beziehen.
Außerdem wird die Sicherstellung der Informationsübermittlung an betroffene Stellen innerhalb des Unternehmens gefordert.

Für die Rechnerunterstützung ergeben sich damit hauptsächlich Funktionen der Erstellung, dokumentierten Überprüfung, Freigabe und Verteilung von Dokumenten.
Im wesentlichen also wieder Dokumentenverwaltung.

Designlenkung

Das Element "Designlenkung" bezieht sich auf alle Tätigkeiten und Funktionen zur Umsetzung von Kunden– oder Marktanforderungen in ein Produkt, das diese Forderungen zuverlässig erfüllt. Der Begriff "Designlenkung" ist durch die Übersetzung von "Design Control" entstanden und beinhaltet entsprechend der englischen Definition u.a. auch Tätigkeiten, wie Entwurfserstellung, Entwicklung, Konstruktion, Prototypenbau, Tests sowie zugeordnete oder angrenzende Tätigkeitsbereiche.

Im wesentlichen geht es darum, eine komplette Produktentwicklung bis zur Erstellung der Fertigungsvorgaben zu projektieren. Es handelt sich somit im weitesten Sinne um die Planung, Durchführung, (Fortschritts–)Kontrolle und das (betriebswirtschaftliche) Controlling eines Projektes, wofür sich wiederum rechnerunterstützte Hilfsmittel des Projektmanagements anbieten, wie z.B. Zeit– und Ressourcenmanagement, Netzplantechnik, Meilensteinüberwachung etc.

Daneben kommen rechnerunterstützte Methoden des Quality Engineering, wie

- Quality Function Deployment (QFD)
  zur schrittweisen Überführung von Kunden–/ bzw. Marktanforderungen und –erwartungen in Produktmerkmale,
- Fehlermöglichkeits– und –einflußanalyse (FMEA) (z.B. /13, 77/)
  für Systeme und Konstruktionen zur frühzeitigen (qualitativen) Identifizierung und Bewertung potentieller Fehler (samt Ursachen und möglichen Auswirkungen) sowie zur Definition von vermeidenden, entdeckenden oder auswirkungsbegrenzenden Maßnahmen,
- Sicherheitsanalysen (z.B. /58, 59, 60/), wie Fehlerbaumanalyse oder Störfallablaufanalyse zur quantitativen Analyse von Ursache–Wirkungs–Zusammenhängen,
- Zuverlässigkeitsberechnungen (z.B. /37/)
  zur Planung, Durchführung und (statistischen) Auswertung von Zuverlässigkeitstests.

und spezielle Funktionen für die Konstruktion, wie z.B. CAD zum Einsatz.

Letztere decken bereits einige der zudem notwendigen Funktionen zur Verwaltung von Dokumenten (z.B. Konstruktionszeichnungen etc.) ab.

Im Bereich z.B. von Entwicklungsplänen, Designvorgaben, Pflichten– bzw. Lastenheften, Anforderungsspezifikationen, Review– und Verifikationsunterlagen sowie der (dokumentierten) Ergebnisse der o.g. Methoden des Quality Engineerings etc. ist jedoch eine mit dem Entwicklungsprojektmanagement gekoppelte Dokumentenverwaltung mit den entsprechenden Funktionen notwendig.

Außerdem werden besonders in den Bereichen Entwicklung und Konstruktion Informationen

- aus einigen anderen Bereichen
  (z.B. Stücklisten, Typen/Varianten, Kosten, Termine, Wettbewerbsprodukte),
- aus früheren Projekten oder von auf dem Markt befindlichen Produkten
  (z.B. Kundendienstinformationen, Reklamations– und Fehlerstatistiken, Daten ähnlicher Produkte, Entwicklungs(ergebnis)unterlagen, Zuverlässigkeitsinformationen) oder
- sonstige Informationen
  (z.B. Gesetze, Normen, Richtlinien, Wertetabellen, Werkstoffdaten u.v.a.m)

benötigt, so daß hier eine Art von (Qualitäts–)Informationssystem erforderlich wird.

Lenkung der Dokumente

Das QS–Element "Lenkung der Dokumente" fordert ein Dokumentenverwaltungssystem, wie es bereits beim Element "Qualitätssicherungssystem" erwähnt wurde.

Beschaffung

Das QS–Element "Beschaffung" stellt Forderungen bezüglich der Spezifikation und der Verifikation zugelieferter Produkte sowie des Beschaffungsvorganges selbst, z.B. in bezug auf Lieferantenauswahl und –überwachung auf.

Eine Rechnerunterstützung bietet sich aus Sicht der Qualitätssicherung in folgenden Bereichen an:

- Lieferantenauswahl, -bewertung und -überwachung durch Auswertung der Qualität von Erstmusterteilen und/oder von Produkten aus früheren Lieferungen desselben Zulieferers
  (Die Dokumentation dieser Verfahren erfolgt im Qualitätssicherungshandbuch.),
- Erstellung, Überprüfung und Verwaltung von Beschaffungsunterlagen mit entsprechenden Schnittstellen zur Materialwirtschaft und zum Design (Spezifizierung der zu beschaffenden Produkte) und
- Erstellung und Bereitstellung von Unterlagen über die Verifizierung der beschafften Produkte für den Auftraggeber.

Vom Auftraggeber beigestellte Produkte

Das QS-Element "Vom Auftraggeber beigestellte Produkte" fordert verschiedene Verfahren für den Umgang mit Produkten, die der Auftraggeber beigestellt hat. Im wesentlichen sind dies Tätigkeiten und Funktionen, wie sie auch auf beschaffte (zugelieferte) Produkte oder eigene (Halbfertig-)Produkte angewendet werden, so daß die mögliche Rechnerunterstützung bezüglich Verifizierung, Lagerung und Instandhaltung von den entsprechenden Bereichen abgedeckt wird.

Identifikation und Rückverfolgbarkeit von Produkten

Die (rechnerunterstützte) Realisierung der Forderungen des Elementes "Identifikation und Rückverfolgbarkeit von Produkten" ist sehr produkt- und produktphasenabhängig. Neben dem
- Einsatzzweck einer Produktkennzeichnung
  (z.B. Dauerhaftigkeit der Kennzeichnung, erforderlicher Informationsgehalt)
haben vor allem
- produktbezogene Parameter (z.B. Seriengröße, Sicherheitsrelevanz, Bearbeitungszustand, Kennzeichnungsfreundlichkeit)

großen Einfluß auf die Möglichkeiten zur Identifikation und Rückverfolgbarkeit von (Halbfertig-)Produkten oder Losen und Chargen.

Wo dies möglich ist, kommen normalerweise Stempel, Aufkleber/Etiketten/Anhänger oder Markierungen durch Beschriftung am Produkt selbst bzw. am Behältnis zum Einsatz oder es werden produktbegleitende Unterlagen (z.B. Wareneingangs-/Lieferscheine, Arbeits-/Laufkarten) verwendet. Bei bedruckbaren Kennzeichenträgern ist der automatische Ausdruck bei Generierung des entsprechenden Auftrages oder der Arbeitspapiere mit anschließender manueller Anbringung des Kennzeichens möglich.

Obwohl diese Möglichkeiten in aller Regel die sichersten sind, da sie optisch jederzeit und an jeder Stelle wahrgenommen werden können, sind auch (begleitende oder unterstützende) rechnerunterstützte Lösungen möglich.

Wenn Fertigungs- bzw. Montage- und Verifizierungsarbeitsgänge und -folgen (Prüfungen) als generell gleichartig angesehen und behandelt werden, so ist die Verfolgbarkeit von Chargen und Losen sowie – bei sehr kleinen Serien und bei Einzelfertigung – von einzelnen Produkten über Funktionen der Fertigungssteuerung möglich.

Voraussetzung hierfür ist jedoch die völlige Gleichbehandlung von Prüfarbeitsgängen und -folgen, z.B. durch An- und Abmeldung bzw. Unterbrechungsmeldungen von Prüfungen über das CAQ-System oder die Betriebsdatenerfassung und die Kommunikation mit der Fertigungssteuerung.

Darüber hinaus existieren Möglichkeiten über Code-Karten, Magnetstreifen (am Produkt oder Behältnis) oder Bar-Codes zur Identifikation von Produkten, Losen oder Chargen. Allerdings hängt die Realisierbarkeit wiederum stark von o.g. Einflußgrößen ab.

Prozeßlenkung (in Produktion und Montage)

Das QS-Element "Prozeßlenkung (in Produktion und Montage)" fordert alles in allem eine beherrschte Produktion, also die Produktion unter Einsatz beherrschter Prozesse. Dabei sind unter Prozessen nicht nur Fertigungs- und Montageprozesse zu verstehen, sondern auch z.b. Lagerungs- und Handhabungsprozesse, die ja ebenfalls großen Einfluß auf die Qualität der Produkte besitzen.

Die Forderungen lassen sich in folgende Bereiche einteilen:

♦ Prozeß- und Verfahrensplanung
Im wesentlichen beinhalten diese Tätigkeiten und Funktionen die Planung (und Festlegung der Verantwortlichkeiten) der nachfolgenden Punkte sowie die Durchführung entsprechender Test- und Analyseverfahren.
Neben einer rechnerunterstützten Dokumentation der Planungsergebnisse finden hier Methoden des Quality Engineering ihren Einsatz, wie

- Fehlermöglichkeits- und -einflußanalyse (FMEA) für Prozesse ("Prozeß-FMEA") zur frühzeitigen Erkennung und Bewertung potentieller Fehler im Prozeß und zur Festlegung entsprechender Vermeidungs-, Entdeckungs- oder Auswirkungsbegrenzungsmaßnahmen (möglichst in dieser Reihenfolge !) sowie zur Überwachung der Einführung und Wirksamkeit dieser Maßnahmen.
- Statistische Versuchsplanung (DOE, Design of Experiments) zur Analyse des Prozeßverhaltens und zur (experimentellen) Feststellung optimaler Prozeßparameter.

♦ Anweisungen und Kriterien für die Arbeitsausführung
Die für diesen Bereich ableitbaren Forderungen beziehen sich auf die Erstellung von Arbeits-, Montage- und Prüfplänen und -anweisungen unter Einbeziehung von Prozeßparametern. Diese Funktionen werden rechnerunterstützt in PPS-Modulen zur Fertigungs- bzw. Arbeitsplanung und in CAQ-Modulen zur Qualitäts- und Prüfplanung durchgeführt.

♦ Forderungen bezüglich Fertigungs- und Montageeinrichtungen
Diese beziehen sich auf (vorbeugende) Wartung, Pflege aller verwendeter Hilfsmittel und Einrichtungen sowie die Überwachung von Hilfsmaterialien (z.B. Wasser, Druckluft, Energie, Chemikalien etc.).
Rechnerunterstützt lassen sich hierbei folgende Funktionen durchführen:

- Erstellung, Pflege und Überwachung von Wartungs- und Instandhaltungsplänen für Maschinen, Einrichtungen und Hilfsmittel mit regelmäßiger (z.B. Zeitintervall, Einsatzzeit, Einsatzhäufigkeit) automatischer Generierung entsprechender Aufträge
- Einbeziehung von Überwachungsmaßnahmen für Hilfsstoffe in Arbeits- und Prüfpläne (z.B. Kontrolle der Druckluft auf Ölverschmutzungen oder Fremdkörper)
- Die Überwachung von Meß- und Prüfmitteln wird im QS-Element 11 "Prüfmittel" gesondert behandelt.

♦ Arbeitsbedingungen
Diese Forderungen beziehen sich auf die Sicherstellung geeigneter Arbeits(platz)bedingungen, wie z.B. Lichtverhältnisse, Reinheit, Temperatur etc., und bieten wenig Ansatzpunkte für eine Rechnerunterstützung.

♦ Prozeß- und Qualitätslenkung und -überwachung
Hier wird die Lenkung (Überwachung und Regelung) von Fertigungs-, Montage- und Prüfprozessen unter Anwendung geeigneter Methoden/Verfahren und Hilfsmittel sowie deren Planung unter Berücksichtigung spezifischer Gegebenheiten gefordert:

- Planung, Spezifizierung, Überwachung und Dokumentation geeigneter Zwischen- und Endprüfungen sowie der dazu angewandten Verfahren (Techniken) und von Art und Umfang der zu erfassenden und zu dokumentierenden Ergebnisse samt deren Beurteilung (Freigabe)
- Überwachung, Dokumentation und Regelung von Prozeßparametern

Die Forderungen beziehen sich damit im wesentlichen auf Arbeits- und Prüfplanung sowie auf die Planung, Durchführung, Dokumentation und Auswertung von Prüfungen, die mit ihrer Möglichkeit zur Rechnerunterstützung hauptsächlich in den Bereich des QS-Elementes "Prüfungen" fallen.

♦ Genehmigungen und Freigaben
bezüglich Prozessen, Einrichtungen, Erstmustern etc. bedürfen immer zunächst einer Prüfung unter Anwendung entsprechender Vorgehensweisen, Methoden, Verfahren oder Hilfsmittel, bevor eine Genehmigung bzw. Freigabe erteilt werden kann. Neben der organisatorischen Komponente dieser Aufgabe, die wiederum Dokumentenerstellung und -verwaltung erfordert, ist bei rechnerunterstützten Lösungen vor allem die wirksame Verhinderung der Verwendung nicht freigegebener Elemente wichtig, die z.B. in der (automatischen) Sperrung von Arbeits- oder Prüfplänen bestehen kann, in welchen nicht freigegebene Komponenten enthalten sind.

♦ Überwachung von Prozeß- und Verfahrensänderungen
Jede Art von Veränderung an Prozessen, Verfahren, Werkzeugen, Einrichtungen, Materialien usw. kann Auswirkungen auf die Qualität der gefertigten Produkte haben. Meist sind es die nicht beachteten Nebenwirkungen solcher Änderungen, die im nachhinein zu erheblichen (Qualitäts-)Problemen führen können.

In allen dieser Fälle bieten sich folgende rechnerunterstützte Funktionen an:
- Durchführung von bzw. Analyse und Neubewertung bestehender Fehlermöglichkeits- und -einflußanalysen (z.B. Prozeß-FMEA)
- Dokumentation der Analyseergebnisse und der durchgeführten Änderungen, eventuell mit Benachrichtigung des Kunden oder Einholung von dessen Genehmigung
- Aktualisierung oder zumindest Identifizierung aller Unterlagen (z.B. Arbeits- und Prüfpläne und -anweisungen, Prozeß- und Einstellparameter etc.), die von den vorgenommenen Änderungen berührt werden

Im Bereich der "speziellen Prozesse" ist es besonders wichtig, daß der Prozeß selbst sicher beherrscht ist, da Prozeßfehler bzw. Fehler im Prozeß durch nachträgliche (Qualitäts-)Prüfungen am Produkt nicht (wirtschaftlich) oder nicht in vollem Umfang festgestellt werden können, weil besondere Fertigkeiten (seitens des Bedienenden bzw. Ausführenden) erforderlich sind oder weil kritische (z.B. sicherheitsrelevante) Teile oder Merkmale bearbeitet werden.

Daher müssen hier verstärkt präventive Methoden, wie die (rechnerunterstützte) Fehlermöglichkeits- und -einflußanalyse (Prozeß-FMEA), eingesetzt und geeignete Arbeits- und Verfahrensanweisungen erstellt werden.

Außerdem kommt hier möglichen Korrelationen zwischen Prozeßparametern und den Ausprägungen von (Qualitäts-)Merkmalen, wie sie z.B. mit Hilfe statistischer Verfahren (z.B. Statistische Versuchsplanung) ermittelt werden können, besondere Bedeutung zu.

Prüfungen

Die Forderungen des QS-Elementes "Prüfungen" beziehen sich auf Planung, Festlegung, Durchführung, Dokumentation und Auswertung von Eingangs-, Zwischen- und Endprüfungen. Diese Funktionen lassen sich in folgende Bereiche einteilen:

- Qualitäts- und Prüfplanung
- Erfassung von Meß- und Prüfdaten
- Berechnung, Auswertung, Darstellung und Bewertung von Qualitätsdaten
- Dokumentation und Archivierung von Qualitätsdaten

Diese Funktionen, die aus den Normenforderungen abgeleitet werden können, werden heute nahezu vollständig von CAQ-Systemen abgedeckt und sind in Abschnitt 3.2 (ab Seite 39) beschrieben.

Aus informationstechnischer Sicht muß gerade im Bereich der Prüfungen und deren thematischem Umfeld besonderes Augenmerk der Kopplung mit anderen innerbetrieblichen EDV-Systemen sowie der einzelnen Funktionen untereinander gelten:

- Die Planung einer Prüfung
  - setzt Informationen aus anderen Bereichen voraus
    (z.b. Zeichnungen, Stücklisten, Arbeitspläne, Maschinen- und Prozeßdaten, Kapazitäten, Verfügbarkeiten usw.) und
  - erfordert Informationen aus anderen Bereichen der Qualitätssicherung
    (z.b. FMEA-Ergebnisse, Zuverlässigkeiten, Maschinen- und Prozeßfähigkeiten, Prüfmittelspezifikationen usw.).
- Die Durchführung einer Prüfung muß als "verifizierender Produktionsschritt" angesehen werden und somit vollständig in die Ablaufplanung und -überwachung der Fertigung einbezogen werden (Produktionsplanung und -steuerung, Betriebsdatenerfassung).
- Die Ergebnisse einer Prüfung haben Einfluß auf den weiteren Produktionsverlauf und müssen direkt in dessen Steuerung und weitere Planung einbezogen werden.
  (z.B. Nacharbeit, Ausschuß, zusätzliche Prüfungen und Arbeitsgänge usw.)
  Außerdem gehen Prüfkosten als Bestandteil der Qualitätskosten in die betriebliche Kostenrechnung bzw. das Controlling ein.
- Durch Prüfungen entstandene Qualitätsdaten müssen verschiedenen innerbetrieblichen Bereichen im Rahmen eines Informationssystems zur Verfügung stehen, u.a.:
  - Marketing/Vertrieb zur Bereitstellung von Qualitätsnachweisen für Abnehmer und zur Beurteilung der realisierbaren Qualität bei neuen Angeboten,
  - Arbeitsplanung und -vorbereitung zur Beurteilung und Auswahl qualitätsfähiger Prozesse,
  - Entwicklung/Konstruktion zur Beurteilung der Qualitätsfähigkeit von Prozessen, u.a. zur Festlegung möglicher Toleranzen,
  - dem betrieblichen Rechnungswesen für die Berechnung und Berücksichtigung qualitätsbezogener Kosten,
  - dem Qualitätsmanagement zur Beurteilung der Qualitätslage und als Entscheidungsgrundlage für Maßnahmen und
  - dem Management zur Qualitätslenkung und zur Beurteilung der Wirksamkeit des Qualitätssicherungssystems.

Prüfmittel

Die Forderungen des QS-Elementes "Prüfmittel" werden i.a. durch entsprechende Funktionen zur Prüfmittelverwaltung und -überwachung von CAQ-Systemen erfüllt.

Prüfstatus

Die Forderungen, die sich aus dem QS-Element "Prüfstatus" ergeben, wurden im wesentlichen bereits beim QS-Element "Identifikation und Rückverfolgbarkeit von Produkten" angesprochen. Es handelt sich hier um die Verfolgbarkeit eines Produktes bzw. eines Loses oder einer Charge vom Wareneingang über alle Produktionsstufen bis hin zur Auslieferung in bezug auf die jeweilige Verifizierung der erfolgreichen Absolvierung einer Produktions- oder Montagestufe durch (Qualitäts-)Prüfungen.

Durch die Möglichkeit der jederzeitigen Identifikation des Prüfstatus' soll verhindert werden, daß fehlerhafte Produkte oder Produkte, deren Fehlerfreiheit noch nicht nachgewiesen und bestätigt wurde, in nachfolgende Bearbeitungsstufen gelangen.
Besonderes Gewicht wird auf die Mechanismen (und deren Planung) der Freigabe, die dazu berechtigten Stellen und die Dokumentation gelegt.

Wenn man davon ausgeht, daß ein Produkt vom Wareneingang bis zur Auslieferung bestimmte Bearbeitungs- und Verifizierungsstufen sequentiell durchläuft, so kann der Prüfstatus durch miteinander kombinierte Funktionen der Materialwirtschaft (Wareneingang, Lagerung, Zwischenlagerung), der Fertigungssteuerung (Fertigungs- und Montageschritte) und des CAQ-Systems (Prüfungen, Freigaben) verfolgt werden.

Während die Intervalle, in welchen sich ein Produkt innerhalb eines Verarbeitungsvorganges (Fertigungs-, Montage- oder Prüfvorgang) befindet als relativ unkritisch angesehen werden können, kommt der Identifikation des Prüfstatus' während logistisch bedingter (Zwischen-)Lagerungsintervalle große Bedeutung zu, da der Status hier EDV-technisch nur durch die kombinierte Betrachtung des vorhergehenden und des (geplanten) nachfolgenden Verarbeitungsvorganges festgestellt werden kann.

In der Praxis ist es jedoch meist so, daß sich (zwischen-)gelagerte Produkte für sich oder in entsprechenden Behältern an (oft beliebigen) Standorten innerhalb der Produktion oder in Lagerbereichen befinden, wodurch eine EDV-technische Identifikation der Produkte bzw. des Prüfstatus' ohne physikalische Kenntlichmachung (z.B. durch Etiketten, Aufkleber, befestigte Begleitpapiere etc.) nahezu unmöglich ist.

Die Verwendung als fehlerhaft festgestellter, nicht verifizierter oder sogar falscher Produkte (bei Produktähnlichkeiten) sind unter Umständen die Folge.

Lenkung fehlerhafter Produkte

Die Forderungen des QS-Elementes "Lenkung fehlerhafter Produkte" hängen sehr eng mit jenen des "Prüfstatus" und auch der "Identifikation und Rückverfolgbarkeit von Produkten" zusammen. Es wird hier davon ausgegangen, daß die Fehlerhaftigkeit eines Produktes festgestellt wurde und nun entsprechende Maßnahmen zu treffen sind.

Es lassen sich folgende rechnerunterstützbare Funktionen ableiten:

- Berücksichtigung der Behandlung fehlerhafter Produkte bei der Erstellung von Verfahrensanweisungen (z.B. im Rahmen des Qualitätssicherungshandbuches)
- Identifizieren und dokumentieren des Fehlers in Form eines Qualitätsabweichungsberichtes mit Klassifizierung des Fehlers und Festlegung (bzw. Vorschlag) des Verwendungsentscheides
- Freigabe der weiteren Verwendung und Initiierung der entsprechenden Maßnahmen (z.B. Generierung Nacharbeits- oder Verschrottungsauftrag)
- Informieren der betroffenen Stellen (z.B. per Mailing-System)

Korrekturmaßnahmen

Das QS-Element "Korrekturmaßnahmen" bezieht sich bei jeweils deutlicher Unterscheidung von Fehlerbeseitigung und Fehlerverhütung auf

- die Dokumentation aller in diesem Zusammenhang angewandter Verfahren, z.b. im Qualitätssicherungshandbuch oder in Verfahrensanweisungen,
- die Befugnisse und Zuständigkeiten für Anordnung, Durchführung und Überwachung (der Wirksamkeit) von Korrekturmaßnahmen, auch bei Zulieferanten und
- die systematische Erfassung, Analyse, Auswertung, Klassifizierung und Bewertung von Fehlern, deren Ursachen sowie von Qualitätsproblemen allgemein.

Neben einem System zur Planung und Durchführung entsprechender Maßnahmen(projekte) kommen hier (rechnerunterstützte) Methoden der Qualitätssicherung zum Einsatz, wie

- Fehlermöglichkeits- und -einflußanalysen,
  (Hier wird bei einigen Automobilzulieferern bereits per definitionem unterschieden zwischen entdeckenden, vermeidenden und auswirkungsbegrenzenden Maßnahmen.)
- Fehlerbaum- und Störfallablaufanalysen,
- Ursache-Wirkungs-("Ishikawa-") Diagramme sowie
- allgemeine Analysetechniken und Methoden/Verfahren zur Problemdefinition und Lösungsfindung,

wobei graphische Auswertungen, wie Strichlisten, Histogramme, Pareto- und ABC-Diagramme, (Fehler-)Sammelkarten, Qualitätsregelkarten, Korrelationsmatrizen u.a. wertvolle Hilfsmittel sind.

Außerdem ist die Anwendung eines Fehlerschlüssels sinnvoll, der als gemeinsame Bezugsbasis auch verschiedene innerbetriebliche Bereiche miteinander verbindet, die aus unterschiedlicher Blickrichtung Bezug zu den gleichen Fehlern haben (z.B. Entwicklung, Herstellung, Kundendienst/Service/Instandhaltung und Nutzung/Kunde).

Handhabung, Lagerung, Verpackung und Versand

Das QS-Element "Handhabung, Lagerung, Verpackung und Versand" stellt im wesentlichen organisatorische Forderungen auf, die in zwei Bereichen auch rechnerunterstützt werden können:

- Dokumentation der Zuständigkeiten (z.B. für Warenannahme, Ein- und Auslagerung, Transport- und Versandanweisungen etc.) und sonstiger Verfahren, welche die Produktqualität in diesen Bereichen sichern sollen und
- Berücksichtigung bestimmter wichtiger Anweisungen (z.B. in bezug auf die Handhabung, Lagerung und Kennzeichnung) bereits bei der Erstellung von Arbeits- und Prüfplänen bzw. -anweisungen.

Qualitätsaufzeichnungen

Das QS-Element "Qualitätsaufzeichnungen" bezieht sich auf Unterlagen, welche dem internen und externen Nachweis

- der Wirksamkeit des Qualitätssicherungssystems,
  (z.B. System-Auditberichte, Qualitätslage- und -kostenberichte etc.)
- der Produktqualität,
  (z.B. Prüfberichte und -protokolle, Verifikations- und Validierungsergebnisse bezüglich Verträge, Design, Produkte usw., Annahme- und Freigabeunterlagen, Fehler- und Fehlerbeseitigungsberichte, Kundendienst-, Reparatur-, Service- und Reklamationsberichte, Produktauditergebnisse etc.)

- der Qualifikation von Prozessen,
  (z.B. SPC–Regelkarten, Fähigkeitsnachweise, FMEA–Ergebnisse, Berichte über Prozeß– und Verfahrensaudits etc.)
- der Personalqualifikation,
  (z.b. Aus– und Weiterbildungsnachweise, Prüfungs– und Zulassungsnachweise)
- der Lieferantenqualifikation
  (z.b. Qualitätsaufzeichnungen des Zulieferers, Abnahme–, Wareneingangs– und Erstmusterprüfberichte, Unterlagen über Lieferantenbeurteilung und –bewertung, Listen zugelassener Lieferanten, Berichte über Audits beim Lieferanten etc.) sowie
- der Qualifikation von Maschinen, Einrichtungen und Geräten
  (z.b. Maschinenfähigkeitsnachweise, Nachweise zu Wartungs–, Reparatur– und Instandhaltungsmaßnahmen, Einstellungs– und Kalibrierprotokolle, Ergebnisse der Prüfmittelüberwachung, Prüfmittel–, Maschinenkarteien etc.)

dienen.

Für die Zusammenführung, Aufbewahrung und Verwaltung solcher Unterlagen, die teilweise aus verschiedenen Bereichen des Unternehmens kommen (dort entstehen), erscheint eine Rechnerunterstützung sinnvoll, sofern die entsprechenden Unterlagen EDV–fähig sind, d.h. als EDV– Dokumente bzw. –Daten existieren. Um dies sicherzustellen, müssen an den Entstehungsorten solcher Informationen entsprechende rechnerunterstützte Funktionen eingesetzt werden.

Interne Qualitätsaudits

Im QS–Element "Interne Audits" werden Planung, Durchführung, Dokumentation und Auswertung interner Audits sowie die Sicherstellung und Überwachung aufgrund der Ergebnisse festgelegter Maßnahmen gefordert.

Grundsätzlich ist bei internen Audits zu unterscheiden zwischen

- Systemaudits,
  die sich auf das Qualitätssicherungssystem und dessen Komponenten beziehen und der Sicherstellung
    - der Existenz und wirksamen Funktionsweise der einzelnen QS–Systemelemente,
    - der Effizienz der Schnittstellen zwischen den einzelnen QS–Systemelementen,
    - Information der Unternehmensleitung über den Zustand des QS–Systems als Grundlage für Entscheidungen,
    - der internen und externen Transparenz des QS–Systems sowie
    - der effektiven Nachweisführung in Produkthaftungsfällen dienen;
- Produktaudits,
  die anhand der Überprüfung einer kleinen Menge versandfertiger Produkte auf die Übereinstimmung mit den Qualitätsforderungen die Qualitätsfähigkeit bestätigen und die Unternehmensleitung regelmäßig über produktbezogene Qualitätstrends und Fehlerschwerpunkte informieren sollen;
- Verfahrensaudits,
  die der kontinuierlichen Verbesserung angewandter Verfahren und deren Anpassung an geänderte Rahmenbedingungen (z.B. Technologie) dienen.

Für Planung, Durchführung und Auswertung/Dokumentation interner Audits bieten sich einige Möglichkeiten zur Rechnerunterstützung an:

- Erstellung eines globalen Auditplanes, in welchem vorgesehene Audittermine (bestimmte Termine oder Zeitintervalle), Zuständigkeiten, Verantwortlichkeiten, betroffene Bereiche/ Verfahren/Produkte festgelegt werden, und der als Grundlage für das Projektmanagement von Audits dient und Funktionen auslöst, wie z.b.
  - automatische Generierung von "Audit–Aufträgen",
  - Auswahl von zur Durchführung des Audits qualifizierter und geforderten Rahmenbedingungen (z.b. Unabhängigkeit) entsprechender Mitarbeiter, z.b. anhand des Stellenplanes, der Qualifikationsnachweise und des Organisationsplanes sowie sonstiger Kriterien,
  - Benachrichtigung aller betroffenen Stellen und Personen,
  - Generierung von Informationen an kapazitäts–, zeit– und mengenplanende Stellen, falls durch das Audit Verzögerungen im Produktionsverlauf oder die Reduzierung der Produktmenge (z.b. bei zerstörenden Prüfungen) verursacht werden,
- Erstellung von Verfahrensanweisungen für Audits,
- Erstellung und Wartung von Fragenkatalogen, Checklisten, Bewertungstabellen und –kriterien und Formularen zur Verwendung im Rahmen von Audits,
- automatische Zusammenstellung (und Ausdruck) der für ein Audit benötigten Unterlagen (z.b. Zeichnungen, Stücklisten, Arbeits– und Prüfpläne, Normen, Richtlinien, Vorschriften, Auszüge aus dem Qualitätssicherungshandbuch, Verfahrensanweisungen, Ergebnisse früherer Audits, Kennzeichnungsmittel etc.)
- Durchführung der Audits anhand der o.g. Hilfsmittel und deren rechnergestützte Bearbeitung (Ausfüllung),
- Auswertung, Darstellung und Dokumentation der Auditergebnisse sowie deren Verteilung (zur Information und Kenntnis) an betroffene Stellen und
- Projektmanagement bei der Durchführung aufgrund von Auditergebnissen festgelegter Maßnahmen mit Termin– und Statusüberwachung.

Schulung

Die Forderungen, die sich aus dem QS–Element "Schulung" ergeben, sind sehr eng an das Personalmanagement eines Unternehmens geknüpft und erfordern hauptsächlich soziale und psychologische Kompetenz vor allem vorgesetzter Mitarbeiter. Daneben existieren rein administrativ–/ organisatorische Funktionen, die rechnerunterstützbar sind:

- Erstellung und Pflege eines Schulungsplanes,
- Dokumentation von Verfahren zur Schulungsbedarfsermittlung und zur Durchführung von Schulungsmaßnahmen und
- Aufbewahrung und Klassifikation von Qualifikationsnachweisen.

Kundendienst

Aus den Forderungen des QS–Elementes "Kundendienst" lassen sich folgende rechnerunterstützte Funktionen ableiten:

- Erstellung und Pflege einer (kundendienstbezogenen) Kundenkartei,
- Zeit– und kapazitätsbezogene Koordination von Kundendiensteinsätzen,
- Erstellung von Installations–, Wartungs–, Instandsetzungs–, Service– und Reparaturberichten inklusive der Analyse von Ursachen aufgetretener Fehler oder Störungen,

- führen entsprechender Statistiken, Aufbereitung der Informationen und informieren betroffener Bereiche zur Unterstützung des Fehlermanagements,
- Erstellung von Installations-, Inbetriebnahme- und Gebrauchsanleitungen,
- Koordination des Ersatzteilwesens in Zusammenarbeit mit der Logistik.

Statistische Methoden

Im Bereich des QS-Elementes "Statistische Methoden" lassen sich rechnerunterstützbare Funktionen sehr leicht erkennen, da solche Methoden normalerweise das Vorhandensein statistischer Kenntnisse erfordern und zudem oft mit erheblichem Rechenaufwand, der z.b. bei der statistischen Prozeßregelung sehr schnell erbracht werden muß, verbunden sind.

Statistische (rechnerunterstützte) Methoden und Verfahren, wie z.B.

- Statistische Prozeßregelung (SPC, Statistical Process Control),
- Maschinen- und Prozeßfähigkeitsberechnungen,
- Tests auf statistische Verteilung von Merkmalswerten,
- Statistische Versuchsplanung und -auswertung,
- Zuverlässigkeits- und Lebensdauerberechnungen,
- Stichprobenverfahren (bei Prüfungen, z.B. AQL-Verfahren),
- Korrelationsanalysen (bei Fehler-Ursache-Wirkungsketten),
- Regressionsanalysen, Wahrscheinlichkeitsnetze,
- Trendanalysen,
- Auswertung jeglicher Art von Daten.

Daneben kommt wiederum die rechnergestützte Dokumentation der angewandten statistischen Verfahren, z.B. im Rahmen des Qualitätssicherungshandbuches, zum Einsatz.

Wirtschaftlichkeit – Überlegungen zu qualitätsbezogenen Kosten

Da die Struktur des QS-Elementes 6 "Wirtschaftlichkeit – Überlegungen zu qualitätsbezogenen Kosten" der DIN ISO 9004 sehr viele Unterabschnitte enthält, wird in obigem Tabellenausschnitt auf deren Darstellung verzichtet.

Der Begriff "Qualitätskosten", der in diesem Zusammenhang oft verwendet wird, ist sehr umstritten, da nach Aussagen der Gegner dieses Begriffes "Qualität nichts kostet, sondern nur fehlende Qualität Kosten verursacht". Professor Masing (z.B. /41/) spricht vom "Fehlleistungsaufwand", der jedoch auch nicht alle Aspekte der qualitätsbezogenen Kosten abdeckt.

Qualitätsbezogene Kosten fallen in fast allen Bereichen des Unternehmens an bzw. sie können dort identifiziert und/oder erfaßt werden. Die Qualitätskostenrechnung bzw. ein entsprechendes System kann (und darf) daher keineswegs nur im Bereich Qualitätssicherung angesiedelt sein.

Ein Qualitätskostensystem ist sehr unternehmensspezifisch, da es stark von Struktur und Ausprägung des betrieblichen Kostenrechnungssystems abhängig ist, in dem auch die notwendigen Voraussetzung geschaffen werden müssen, wie

- Einführung qualitätsbezogener Kostenstellen,
- Erfassung periodenfremder Aufwendungen,
- Kopplung an andere Systeme zur Datenerfassung etc.

Rechnerunterstützbare Funktionen aus Sicht der Qualitätssicherung sind

- im Bereich Fehlerverhütungskosten:
    - Kostenmäßige Erfassung und entsprechende Planung von Tätigkeiten zur Qualitätsbewertung.

♦ im Bereich Prüfkosten:
- kostenmäßige Planung prüfender Tätigkeiten und Funktionen durch deren Berücksichtigung in Arbeits- und Prüfplänen durch Zeit- und Kostenfaktoren,
- Einbeziehung entsprechender Kosten in Prüfmittelüberwachung und Verwaltung (inklusive Anschaffung, Reparatur etc. von Meß- und Prüfmitteln),
- Einbeziehung entsprechender Kosten in das System zur Audit-Planung, -Durchführung und -Auswertung.

♦ im Bereich Fehlerkosten:
- Kostenmäßige Ausweisung aller Fehlleistungsaufwände in informationstechnischer Kooperation von Produktionssteuerung, Betriebsdatenerfassung und Qualitätsprüfungen auf der Basis der Ergebnisse letzterer.

4.3.4 Interpretation der Aufgabenstruktur

Bei der Ableitung rechnerunterstützbarer Aufgaben aus den Forderungen der DIN ISO 9001 und 9004 ist deutlich geworden, daß eine QS-elementweise CA-Realisierung nicht sinnvoll ist, da sie zu einer

♦ großen Anzahl von Insellösungen und einer

♦ nahezu unüberschaubaren Anzahl notwendiger Informations- und Datenverbindungen

führen würde.

Allerdings müssen die QS-Elemente als Ausgangspunkt der Überlegungen dienen, da Qualitätssicherungssysteme entsprechend dieser QS-Elemente auditiert werden. Die logische Übergangskette vom einzelnen QS-Element bis hin zur eventuell rechnerunterstützbaren Funktion läßt sich folgendermaßen aufbauen (vgl. Bild 20):

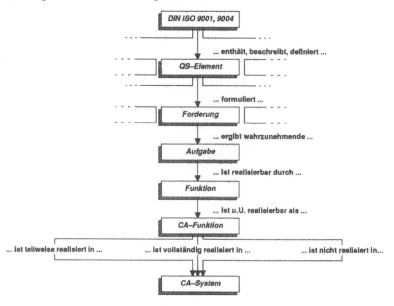

Bild 20: Übergang von DIN ISO 9000 ff. zu CA-Funktionen

Die in den Normen beschriebenen QS–Elemente formulieren jeweils für sich bestimmte Forderungen, die das Qualitätssicherungssystem erfüllen muß. Für das Unternehmen, d.h. für den Betreiber des QS–Systems lassen sich aus den einzelnen Forderungen Aufgaben ableiten, die wahrgenommen werden müssen. Diese Aufgaben sind meist noch relativ global und beziehen sich u.U. auf mehrere Tätigkeiten oder Maßnahmen, die sich zu Funktionen detaillieren lassen. Diese Funktionen nun haben meist klar umrissene Randbedingungen, Eingangs– und Ausgangsinformationen, Zielobjekte und Ergebnisse. Der Übergang zur Rechnerunterstützung ist nun eine Frage der Eignung dieser Funktion hierfür.

Betrachtet man verschiedene Funktionen, so ist festzustellen, daß manche von ihnen

- bereits in vorhandenen CA–Systemen vollständig,
- teilweise, d.h. in Teilaspekten oder
- überhaupt nicht

realisiert sind.

Sehr viele der aus unterschiedlichsten Bereichen abgeleiteten Aufgaben, die sich ergeben haben, sind, zumindest in Teilaspekten, auch heute schon in Form von Funktionen in verschiedenen innerbetrieblichen EDV–Systemen implementiert.

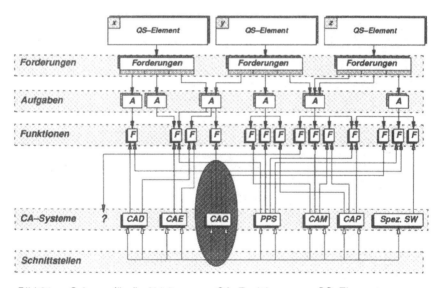

Bild 21: Schema für die Ableitung von CA–Funktionen aus QS–Elementen

Allerdings ergibt sich damit ein Aufgaben–Funktionen–Geflecht mit folgenden Charakteristika (siehe Bild 21):

- In den einzelnen QS–Elementen der Normen DIN ISO 9001 bzw. 9004 sind Forderungen formuliert, die sich aus Sicht des Unternehmens in Aufgaben umformulieren lassen, die von unterschiedlichen Bereichen im Unternehmen wahrgenommen werden müssen.
- Einzelne oder mehrere dieser Aufgaben miteinander kombiniert können zu Funktionen zusammengefaßt werden, die rechnerunterstützt realisierbar sind.

♦ Diese Funktionen können heute möglicherweise
  - von einem bestehenden CA-System,
  - von mehreren CA-Systemen nur gemeinsam, falls entsprechende Schnittstellen realisert sind,
  - von spezieller Software oder
  - bisher in der geforderten Form gar nicht abgedeckt werden.

Aus den bisherigen Ausführungen in diesem Kapitel wird deutlich, daß sich aus den Forderungen, welche die Normen aufstellen, eine sehr große Anzahl von Aufgaben und Funktionen unterschiedlichen Detaillierungsgrades ableiten läßt.

Es wurde auch bereits erwähnt, daß es nicht sinnvoll ist, für jede dieser Funktionen für sich und unabhängig von anderen eine mögliche Rechnerunterstützung zu definieren.

Zum einen würde dies zu einer unüberschaubaren Anzahl (mit entsprechendem Definitionsaufwand) solcher Lösungen führen und zum anderen bliebe dabei die große Funktionsredundanz unberücksichtigt.

Beispiel:

Da ein Qualitätssicherungssystem entsprechend der Normenforderungen zum Großteil aus dokumentierter Aufbau- und Ablauforganisation besteht, ergeben sich bei der Ableitung von Forderungen und Aufgaben in Abschnitt 4.3.3 sehr viele Funktionen, die sich auf die Erstellung, Verwaltung, Verteilung und den Änderungsdienst von Dokumenten irgendwelcher Form beziehen.

Für sich betrachtet müßten für jede Forderung bzw. für die daraus abgeleiteten Aufgaben entsprechende (spezielle) Funktionen der Dokumentenverwaltung definiert werden. Dies würde eine große Funktionsredundanz und wahrscheinlich eine EDV-technisch nicht rationelle Realisierung dieser Funktionen ergeben. Zudem wären dann die notwendigen Beziehungen zwischen den Informationen, die mit Hilfe der Funktionen bearbeitet werden, nicht berücksichtigt.

Daher bietet sich die Bündelung solcher Funktionen an, die im weitesten Sinne mit der Bearbeitung von Dokumenten jeglicher Art verbunden sind und die gemeinsame Realisierung in Form einer globalen Funktionalität (mit entsprechenden Unter- bzw. Teilfunktionen), die beispielsweise "Dokumentenverwaltung" genannt werden kann.

4.4 Bündelung der Funktionen zu Funktionsbereichen

Zur Bündelung von Funktionen zu Funktionsbereichen bieten sich, wenn man die Verbindungen zwischen Funktionen und CA-Systemen in Bild 21 betrachtet, grundsätzlich zwei Möglichkeiten an:

- Bündelung auf der Ebene der Funktionen,
  d.h. Zusammenfassung von Funktionen ähnlichen oder gleichen Charakters und anschließende Verteilung von Unter- bzw. Teilfunktionen auf CA-Systeme
  oder
- Bündelung auf der Seite der CA-Systeme,
  d.h. Zusammenfassung der Funktionen, die von einem bestimmten CA-System wahrgenommen werden (können).

In Bild 22, welches einen Ausschnitt aus Bild 21 darstellt, sind diese beiden Bündelungsmöglichkeiten angedeutet.

Für welche der beiden durchaus sinnvollen Bündelungsarten man sich entscheidet, ist von der Zielsetzung abhängig:

- Geht es darum, zu definieren, welche Funktionen unterschiedlicher Bereiche und Ausrichtungen ein CA-System in der Lage ist, abzudecken, so muß auf Ebene der CA-Systeme gebündelt werden.

- Geht es jedoch darum, festzustellen, welches in sich funktional geschlossenes Funktionenbündel möglicherweise durch welche CA-Systeme realisiert werden kann, so ist es zweckmäßig, die Bündelung auf der Ebene der Funktionen selbst vorzunehmen.

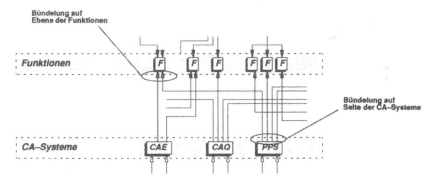

Bild 22: Möglichkeiten der Bündelung von Funktionen

In beiden Fällen wird es notwendig sein, nach der Bündelung auch wieder eine Aufsplittung in geeigneter Form vorzunehmen. Entweder ist die Funktionalität eines CA-Systems in Teilen bestimmten geforderten Funktionen zuzuordnen oder Teile eines Funktionenbündels müssen einzelnen CA-Systemen zugeordnet werden.

Da die Zielrichtung dieser Arbeit darin besteht, ein ganzheitliches normenkonformes Qualitätssicherungssystem dort, wo es sinnvoll erscheint, rechnerunterstützt zu realisieren und dabei die Erfüllung qualitätsrelevanter Aufgaben sicherzustellen, die sich aus den Normenforderungen ergeben, soll im folgenden eine Bündelung der Funktionen auf Ebene dieser Funktionen erfolgen. Im Anschluß daran soll dann festgestellt werden, welche Funktionsbündel ganz oder teilweise bestimmten CA-Systemen zugeordnet werden können.

Funktionsbündel werden im folgenden unter Berücksichtigung der Kriterien
- Durchführung in einem bestimmten Unternehmensbereich,
- größtmögliche Daten- und Informationskonzentration,
- aufbau- und ablauforganisatorische Zusammengehörigkeit

sowie bereits im Hinblick auf die Zuordnung zu CA-Systemen zusammengefaßt.
Aufgrund der Ergebnisse aus Abschnitt 4.3.3 lassen sich folgende Funktionsbündel definieren, wobei jeweils (falls direkt zuzuordnen) in Klammern der Bezug zu einem oder mehreren besonders betroffenen Abschnitten der DIN ISO 9001 angegeben ist:

- Verwaltung aller qualitätsbezogenen Dokumente
  Hierzu gehören
    - die Dokumentation des Qualitätssicherungssystems (4.2),
    - Vorgabedokumente (4.3, 4.4, 4.5) und
    - Qualitätsaufzeichnungen (4.10, 4.13, 4.14, 4.16, 4.17);
- Projektmanagement
  für die Durchführung von Projekten, wie
    - Produktentwicklung (4.4),
    - Fehlerursachenermittlung und -abstellmaßnahmen (4.14),
    - Interne Audits (4.17) sowie
    - Durchführung des Kundendienstes (4.19);
- Kommunikation;
- Informationsbereitstellung;
- Fehlermanagement (4.12, 4.13, 4.14);
- Produktions- und Prüfmittelüberwachung und -verwaltung (4.9, 4.11);
- Qualitäts- und Prüfplanung (4.6, 4.10, 4.13, 4.16);
- Lieferantenmanagement (4.6);
- Personalmanagement (4.1, 4.18);
- Qualitätsprüfungen (4.10);
- Erfassung und Verarbeitung qualitätsbezogener Kosten (9004, Kapitel 6);
- Durchführung interner Audits (4.17);
- Methoden des Quality Engineering (4.4, 4.10, 4.20).

Diese Funktionsbündel werden die Funktionsbereiche bilden, die in Kapitel 5 als Hauptbestandteile des rechnerunterstützten Qualitätssicherungssystems beschrieben werden.

4.5 Zusammenfassung (Kapitel 4)

4.5.1 Zusammenfassung der Aussagen, Fazit

Ein Qualitätssicherungssystem ist ein komplexes, offenes System aufbau- und ablauforganisatorischer Maßnahmen zur Sicherstellung und zum Nachweis der kontinuierlichen Qualitätsfähigkeit eines Unternehmens bezüglich aller am Produktentstehungsprozeß (und darüber hinaus) beteiligter Einflußfaktoren (Abschnitte 4.1 und 4.1.1).

Diese Einflußfaktoren werden oft unter der Bezeichnung "Die fünf M's", nämlich Mensch, Maschine, Material, Methode und Milieu (Umwelt), zusammengefaßt.

Die Forderungen, die ein Qualitätssicherungssystem erfüllen muß, sind nahezu gleichlautend weltweit in den Normen ISO 9000–90004, europaweit in EN 29000–29004 und in der Bundesrepublik in der Norm DIN ISO 9000–9004 formuliert und dienen als Grundlage für die Bewertung und Zertifizierung von Qualitätssicherungssystemen durch unabhängige Zertifizierstellen. Ein solches Zertifikat ist neben der Funktion als Marketinginstrument in manchen Branchen zur Voraussetzung der Lieferzulassung geworden (Abschnitte 4.1.2, 4.1.2.1, 4.1.2.2).

Aus der Interpretation der Normenforderungen lassen sich nach einer Zuordnung der enthaltenen QS–Elemente zu innerbetrieblichen Bereichen und Funktionen (Abschnitt 4.3.2) Aufgaben und Funktionen (Definition: Abschnitt 4.3.1) ableiten (Abschnitt 4.3.3), die zum Betrieb eines Qualitätssicherungssystems wahrgenommen werden müssen. Diese Aufgaben/Funktionen können, soweit sie bestimmten Kriterien genügen (Abschnitt 4.2), durch eine Rechnerunterstützung rationalisiert und sicherer gestaltet werden.

Im Hinblick auf die Rechnerunterstützung der Funktionen ergibt sich ein Zuordnungsgeflecht zwischen den Funktionen einerseits und den vorhandenen CA–Systemen andererseits (Abschnitt 4.3.4), sodaß eine Bündelung der Funktionen vorgenommen werden muß (Abschnitt 4.4), um ein sinnvolles und der Praxis entsprechendes Modell eines rechnerunterstützten Qualitätssicherungssystems aufzustellen.

Die in der Industrie allgemein anerkannte Aussage, daß Qualitätssicherung nicht nur die Aufgabe eines innerbetrieblichen Qualitätswesens sein kann sowie entsprechende Untersuchungen (und Einschätzungen, z.B. /7/) lassen erkennen, daß auch die rechnerunterstützte Qualitätssicherung nicht allein Aufgabe sogenannter CAQ–Systeme sein kann.

Die zahlreichen funktionalen und aufgabenbezogenen Forderungen, die sich aus den o.g. Normen für ein rechnerunterstütztes Qualitätssicherungssystem ableiten lassen, können zu Bereichen funktionaler und informationstechnischer Konzentration, den Funktionsbereichen, zusammengefaßt werden (Abschnitt 4.4).
Dies wird durch eine ähnliche Einteilung u.a. auch in /93/ bestätigt.

In Bild 23 sind diese Funktionsbereiche bezüglich ihrer Relevanz, d.h. ihrer Einsatzintensität, innerhalb der Produktlebenszyklusphasen des in Abschnitt 2.1.2 definierten Referenzmodells (Bild 5, Seite 24) dargestellt. Die Intensitätsstufen sind natürlich aufgrund der Einschätzung des Verfassers vergeben und sollen lediglich grobe Anhaltspunkte und Tendenzen erkennen lassen.

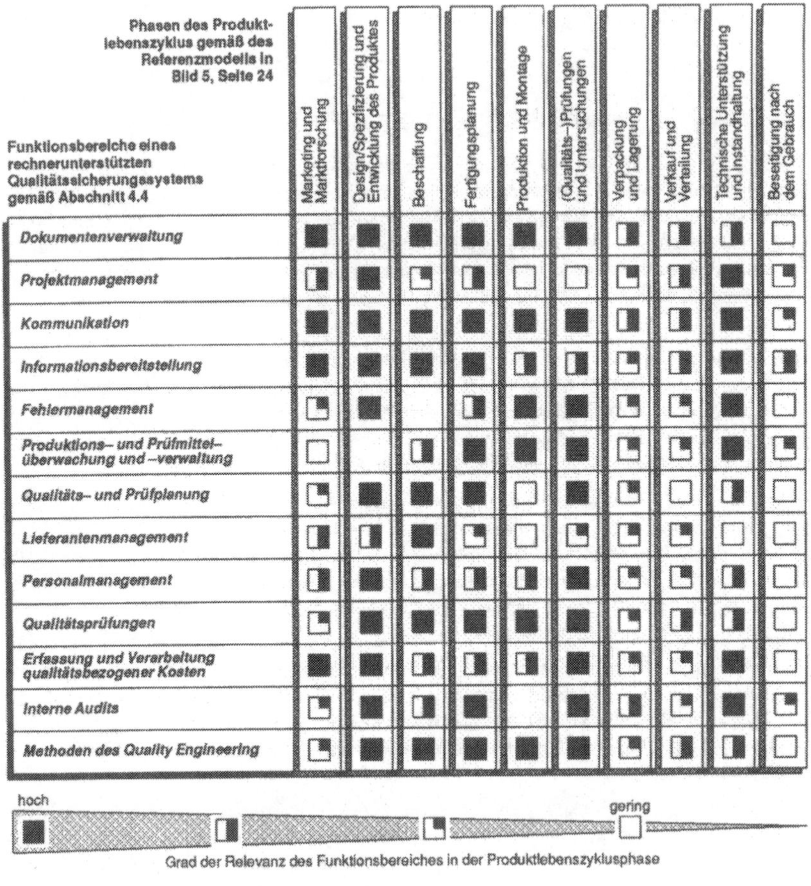

Funktionsbereiche eines rechnerunterstützten Qualitätssicherungssystems gemäß Abschnitt 4.4	Marketing und Marktforschung	Design/Spezifizierung und Entwicklung des Produktes	Beschaffung	Fertigungsplanung	Produktion und Montage	(Qualitäts-)Prüfungen und Untersuchungen	Verpackung und Lagerung	Verkauf und Verteilung	Technische Unterstützung und Instandhaltung	Beseitigung nach dem Gebrauch
Dokumentenverwaltung	■	■	■	■	■	■	◨	◨	◨	☐
Projektmanagement	◨	■	◧	◨	☐	☐	◧	◨	■	◧
Kommunikation	■	■	■	■	■	■	◨	◨	■	◧
Informationsbereitstellung	■	■	■	■	◨	◨	◧	◨	■	◨
Fehlermanagement	◧	■	■	◨	■	■	◧	◧	■	☐
Produktions- und Prüfmittel- überwachung und -verwaltung	☐	■	◨	■	■	■	◧	◧	■	◧
Qualitäts- und Prüfplanung	◧	■	■	■	■	■	◧	☐	◨	☐
Lieferantenmanagement	◨	◨	■	◧	☐	◧	◧	◧	☐	☐
Personalmanagement	◨	■	◨	◨	◨	◨	◨	◧	◨	☐
Qualitätsprüfungen	◧	■	■	■	■	■	◨	◧	■	☐
Erfassung und Verarbeitung qualitätsbezogener Kosten	■	■	◨	◨	■	◨	◨	◧	■	☐
Interne Audits	◧	■	◨	■	■	■	◨	◧	■	◧
Methoden des Quality Engineering	◧	■	■	■	■	■	◧	◨	◨	☐

Phasen des Produktlebenszyklus gemäß des Referenzmodells in Bild 5, Seite 24

hoch ■ ◨ ◧ ☐ gering

Grad der Relevanz des Funktionsbereiches in der Produktlebenszyklusphase

Bild 23: Bewertungsmatrix der Relevanz der Funktionsbereiche

4.5.2 Überleitung zu Kapitel 5

Die oben definierten Funktionsbereiche eines normengerechten rechnerunterstützten Qualitätssicherungssystems besitzen folgende Charakteristika:

- ♦ Jeder Funktionsbereich stellt eine funktionale bzw. informations- und datentechnische Konzentration dar,
- ♦ er besteht aus mehreren Teilfunktionen und diese wiederum aus Unterfunktionen,
- ♦ er ist für sich, also unabhängig von den anderen Funktionsbereichen, nicht sinnvoll arbeitsfähig und
- ♦ 'besitzt' u.U. eigene, spezifische Daten und ist meist in hohem Grade auf Informationen anderer Funktionsbereiche und sogar anderer innerbetrieblicher CA-Funktionalitäten angewiesen.

In Abschnitt 4.4 wurde festgelegt, daß die Bündelung der Einzelfunktionen in dieser Arbeit auf der Ebene der Funktionen und nicht der CA-Systeme (vgl. Bild 22) geschehen soll. Die Tatsache, daß eben jene Funktionen aus den Forderungen der Normen DIN ISO 9001 und 9004 an ein Qualitätssicherungssystem abgeleitet wurden, führt dazu, daß die Funktionsbündel (Funktionsbereiche) im wesentlichen Zusammenfassungen von Funktionen aus Sicht der Qualitätssicherung darstellen.

Damit ergibt sich scheinbar ein Widerspruch zwischen zwei bereits getroffenen Feststellungen:
- Einerseits wurde festgestellt, daß sich die Aufgaben der Qualitätssicherung im Rahmen eines Qualitätssicherungssystems nahezu auf alle Bereiche und damit CA-Funktionalitäten und -systeme erstrecken, was auch von Winterhalder/Dolch /7/ durch die Aussage bestätigt wird, daß lediglich 25 Prozent der DIN ISO – Forderungen durch CAQ-Systeme abgedeckt werden (vgl. Abschnitt 1.1.3 und Bild 1).
- Andererseits hat die Analyse der Normenforderungen und die anschließende Definition von Aufgaben und (CA-)Funktionen sowie deren Bündelung zu Funktionsbereichen, wie soeben festgestellt, lediglich Zusammenfassungen von Funktionen aus Sicht der Qualitätssicherung ergeben.

Folgende Aussagen jedoch lösen diesen Widerspruch in Vorbereitung für Kapitel 5 auf:
- Heutige CAQ-Systeme sind in sich geschlossene Software- und zumeist auch Hardware-Lösungen, die
  - für sich nicht alle Funktionen besitzen, die sich aus den Normenforderungen ergeben,
  - und die ablauforganisatorisch und daten- bzw. informationstechnisch nicht (adäquat) mit dem Pool der innerbetrieblichen CA-Systeme gekoppelt sind.

  Somit sind die angegebenen 25 Prozent unter ganzheitlicher Betrachtung rechnerunterstützter Qualitätssicherungssysteme lediglich für heute am Markt erhältliche Systeme realistisch.
- Qualitätsrelevante Aufgaben und Funktionen treten zwar in allen Bereichen eines Unternehmens auf und müssen dort bzw. durch dort beschäftigtes Personal wahrgenommen werden, jedoch
  - sind diese Aufgaben und Funktionen weder inhaltlich noch informatorisch voneinander unabhängig und
  - bedürfen einer zumindest funktional zentralen Steuerung und Koordination.
- Die definierten Funktionsbereiche schließen
  - vorhandene QS-Funktionen heutiger CAQ-Systeme ebenso ein, wie
  - Funktionen, die aus Normenforderungen resultieren und erst aufgrund der Kommunikation mit anderen CA-Systemen möglich werden und
  - Funktionen, die zwar für bestimmte, eng eingegrenzte Anwendungsfälle, meist als Stand-Alone-CA-Lösungen existieren, jedoch bisher weder mit qualitätssichernden Aufgaben und zumeist auch nicht mit anderen produktionsbezogenen Funktionen in Verbindung gebracht wurden.
  (Beispiele: Textverarbeitung, Dokumentenverwaltung, Projektmanagement)
- Moderne Hardware- und Software-Technologie ermöglicht es zunehmend, sich vom Denken in abgeschlossenen (EDV-)Systemen, wie z.B. CAD, PPS, CAM, CAP, CAQ etc., zu lösen und die Welt und damit auch z.B. die Gegebenheiten innerhalb eines produzierenden Unternehmens in Form von Objekten und ihnen direkt zugeordneten Informationen und Methoden zu sehen.
  Für die Auflösung des o.g. Widerspruches bedeutet dies, daß weniger die Systeme, als vielmehr die Funktionen und Informationen im Vordergrund stehen sollten, die sich lediglich auf weiter gesteckte Bereiche (und damit vorhandene Systeme) erstrecken.

Die im letzten Punkt angesprochene (objektorientierte) Denkweise, die eigentlich der natürlichen Denkweise des Menschen entspricht, hat sich, zumindest in der Software-Entwicklung, bereits sehr weit durchgesetzt. Zunehmend wird jedoch auch in anderen Bereichen deutlich (z.B. Unternehmensmodellierung und -simulation, Computer-Technik mit neuronalen Netzen), daß die natürliche Welt aus Objekten aufgebaut ist und daß es daher sinnvoll erscheint, Teile dieser Welt, was z.B. die Abbildung in Hardware- und Software-Systeme betrifft, ebenfalls objektorientiert zu organisieren.

Heute übliche Organisationsformen, die einer streng deterministischen Weltanschauung entspringen, können jedoch in aller Regel nicht in einem einzigen Schritt in Strukturen mit Selbstorganisation, eigengelenkter Dynamik, stufenweiser Selbstähnlichkeit und vom Gesamtsystem vorgegebener und auf Teilsysteme übertragener Zielsetzungen überführt werden.

Wie in allen betroffenen Bereichen, so müssen auch im Bereich von Hardware und Software kleine Schritte unternommen werden. Dies ist bereits seit einigen Jahren im Gange und äußert sich u.a. in der Intensivierung der Bemühungen um

- ♦ standardisierte Hardware- und Software-Schnittstellen zur Ermöglichung der Kommunikation untereinander und
- ♦ standardisierte und zweckbezogene Kommunikationsmechanismen und -medien.

Der erste Schritt hin zu einem ganzheitlichen, systemgrenzenübergreifenden rechnerunterstützten Qualitätssicherungssystem ist daher eine Zusammenfassung funktionaler und kommunikativer Software-Bausteine, die untereinander und mit anderen (heute noch abgegrenzten) CA-Systemen in flexibler, den organisatorischen Ablauf unterstützender, Kommunikation stehen und auf gemeinsame oder gegenseitig nutzbare Informationen zurückgreifen.

Ebensowenig wie es *das* (allgemeingültige) Qualitätssicherungssystem gibt, so unmöglich ist es auch, *die* (allgemeingültige) rechnerunterstützte Funktionalität, bezogen auf Abläufe, Informationen und Bedienung, in Form eines Systems zur Verfügung zu stellen. Aufgabe einer Software für ein rechnerunterstütztes Qualitätssicherungssystem ist es daher, sich flexibel und transparent an Aufbau- und Ablauforganisation eines Unternehmens anpassen zu lassen, ohne die eigentliche 'Berufung' zu vernachlässigen, u.a. die Forderungen, die sich aus entsprechenden Normen ergeben, zu erfüllen.

Im folgenden Kapitel soll auf Basis der bisherigen Überlegungen die Struktur einer Software-Lösung für ein normenkonformes, ganzheitliches rechnerunterstütztes Qualitätssicherungssystem entwickelt werden.

Wie bereits in Abschnitt 1.3 erwähnt, sollen dazu nicht das n+1-te Qualitätsdatenmodell oder das m+1-te CIM-Modell aufgestellt, sondern es soll lediglich die logisch/funktionale Struktur eines solchen Systems entworfen werden.

5 Konzept für ein rechnerunterstütztes Qualitätssicherungssystem

Nachdem in den vorangegangenen Kapiteln schrittweise Funktions- bzw. Aufgabenbereiche identifiziert wurden, die Bestandteil eines rechnerunterstützten Qualitätssicherungssystems gemäß DIN ISO 9000 ff. sein müssen, soll nun das Konzept für ein solches System aufgestellt werden.

5.1 Zielsetzung und Detaillierungsgrad

Ziel der folgenden Ausführungen ist es, die grundsätzliche Architektur der Hardware und Software sowie die Realisierungsmöglichkeiten für die Erfüllung der Normenforderungen durch ausgewählte Komponenten eines rechnerunterstützten Qualitätssicherungssystems aufzuzeigen, ohne jedoch den Detaillierungsgrad eines vollständigen Grob- oder sogar Feinpflichten- bzw. -lastenheftes zu erreichen. Dies würde den Rahmen dieser Arbeit sprengen und zudem den Anspruch auf Allgemeingültigkeit verlieren.

Die Kriterien, welche den nachfolgenden Detaillierungsgrad bestimmen, sind folgende:

- ♦ Um die angestrebte Allgemeingültigkeit des Konzeptes sowie dessen Übertragbarkeit auf andere Hardware- und Software-Plattfomen zu gewährleisten, soll keine strikte Zugrundelegung einer der vielfältigen heute verfügbaren Plattformen (vgl. 5.2.1) erfolgen.
- ♦ Das heute weit verbreitete Client-Server-Prinzip auf Hardware- und Software-Ebene, also die Bereitstellung bestimmter Dienste auf der einen und deren Inspruchnahme auf der anderen Seite, bietet die Möglichkeit zur scharfen Abgrenzung von Systemkomponenten gegeneinander und somit zur funktionalen Strukturierung eines komplexen Systems. Für die vorliegenden Ausführungen bedeutet dies, daß zur Realisierung der geforderten Funktionalität die bereitgestellten Dienste 'unterer' Funktionalebenen verwendet, d.h. in Anspruch genommen werden. Besonders deutlich wird dies bei der Behandlung der Kommunikationsfunktionen (Abschnitt 5.5.3), die im wesentlichen auf der Basis der heute von modernen Betriebssystemen zur Verfügung gestellten 'Mailing'-Funktionen (Dienste, vgl. 5.2.2) realisiert werden können.
- ♦ Die Datenhaltung innerhalb eines Systems (vgl. 5.2.3) ist zum einen von der verwendeten Daten(bank)technologie (z.B. hierarchische, Codasyl-, relationale Datenbank, Dateistrukturen etc.) abhängig und zum anderen von der funktionsorientierten Organisation der Daten (z.B. Grad der Datennormalisierung).

Darüber hinaus soll im Rahmen dieser Arbeit von der Denkweise in abgeschlossenen Systemen abgewichen werden, so daß es prinzipiell keine Rolle spielen soll, an welchem Ort bzw. in welchem CA-System sich die Daten befinden, die momentan gerade benötigt werden. Es müssen lediglich geeignete systemübergreifende Datenzugriffs- und -verwaltungsfunktionen geschaffen werden (vgl. 5.2.2 und 5.2.3).

Die in den folgenden Abschnitten entwickelten Datenstrukturen setzen zwar eine relationale Datenhaltung voraus und sind bis zu einem bestimmten Grade normalisiert, der es erlaubt, die darauf basierenden Funktionen darzustellen.

Die Darstellung dieser Datenstrukturen soll jedoch in bezug auf den einzelnen Datensatz, die einzelne Relation nur soweit vollständig erfolgen, als es notwendig ist, die geforderte Funktionalität zu realisieren. Daher können die Darstellungen einer Entity (Dateneinheit) in verschiedenen Bildern auch unterschiedliche Datenfelder enthalten, nämlich jene, die zur Erklärung des aktuellen Sachverhaltes notwendig sind. Auch wird nicht vorausgesetzt, daß gemeinsam dargestellte Daten auch in dieser Form physikalisch, d.h. in einem Datensystem, vorhanden sind.

♦ Die schrittweise weitere Detaillierung, sowohl von Daten– als auch Funktionsstrukturen, würde in jedem Fall unvollständig bleiben, solange nicht der höchste Detaillierungsgrad erreicht ist, der notwendig wäre, ein darauf basierendes System datentechnisch und funktional zu realisieren. Mit diesem Detaillierungsgrad wäre jedoch die Stufe eines Feinpflichtenheftes bzw. sogar eines EDV–Konzeptes (nach Definition des Software–Engineering) erreicht, welche, wie bereits erwähnt, zunächst die Wahl ganz bestimmter Hardware–, Software–, Kommunikations– und Datenplattformen voraussetzen und damit die Allgemeingültigkeit verlieren würde.

Das dargestellte Systemkonzept wird sich auf einer Detaillierungsstufe bewegen, die als logisch/funktional vollständig und, was die o.g. technischen Rahmenbedingungen anbelangt, als allgemeingültig gelten kann.

♦ Die angestrebte Allgemeingültigkeit bezieht sich keineswegs nur auf die Darstellung des Systemkonzeptes, sondern fördert gleichzeitig (gewollt) die weitgehende Flexibilität der enthaltenen Funktionalitäten im Sinne offener Hardware–, Software–, Kommunikations– und Datenstrukturen sowie benutzerfreundlicher und –adaptierbarer Funktionen.

In den nun folgenden Abschnitten werden die technischen und organisatorischen Voraussetzungen skizziert, welche die Basis für das Konzept eines rechnerunterstützten Qualitätssicherungssystems bilden.

5.2 Technische Voraussetzungen

Im Rahmen dieser Arbeit liegt der Schwerpunkt auf der Beschreibung der normenkonformen Funktionalität und der daraus resultierenden Software–Struktur eines rechnerunterstützten Qualitätssicherungssystems. Dabei werden einige technische Rahmenbedingungen stillschweigend vorausgesetzt, die im folgenden kurz erläutert werden.

5.2.1 Rechner–Hardware, Betriebssystem und Peripherie

Die Software ist so ausgelegt, daß sie aufgrund ihrer Implementierung (Programmiersprache C, objektorientiert) mit geringem Portierungsaufwand auf nahezu allen Rechnersystemen ausreichender Leistungsfähigkeit und Betriebssystemen lauffähig ist.

Sämtliche Ein–/Ausgabekanäle, z.B. zu anderen Rechnern und zu Peripheriegeräten, sind parametrisierbar und können damit der aktuellen Konfiguration angepaßt werden.

Nach einer solchen Parametrisierung spielt es daher keine Rolle mehr, ob z.B. Prüfergebnisse direkt über eine Tastatur eingegeben, über einen Barcode–Leser eingelesen oder von einem anderen Rechner übernommen werden, da die Art der Kommunikation und die damit verbundenen Konvertierungs– und Übernahmemechanismen ebenfalls entsprechend eingestellt werden (siehe Bild 24).

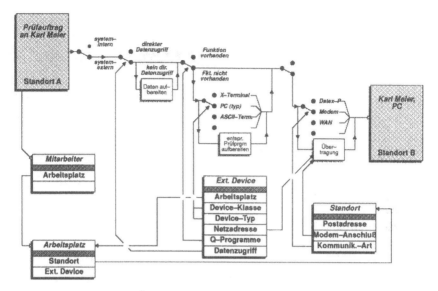

Bild 24: Beispiel für die Übermittlung eines Prüfauftrages

5.2.2 Technische Kommunikation

Die Kommunikation ist der zentrale Bestandteil eines rechnerunterstützten Qualitätssicherungssystems, da erst sie den Produktionsfaktor Information an allen notwendigen Stellen innerhalb eines Unternehmens verfügbar macht. In fast jedem Unternehmen sind in verschiedenen Bereiche unterschiedliche Rechner mit unterschiedlichen Betriebssystemen und EDV–Anwendungen installiert. Diese Bereiche können sich lokal an einem Standort befinden, sie können jedoch auch regional verteilt sein, bis hin zu mehreren Standorten innerhalb einer Stadt, eines Landes oder sogar international verteilten Einkaufs–, Produktions– und Vertriebsniederlassungen.

Aufgabe eines Kommunikationsnetzwerkes ist es, unterschiedliche EDV–Umgebungen mit hersteller– und technologiespezifischen Datenendgeräten informations– und datentechnisch miteinander zu verbinden, und zwar auf eine Weise, daß EDV–Anwendungen und Kommunikationsdienste vollständig voneinander entkoppelt sind und eine 'offene Kommunikation' realisiert wird.

Die von einem offenen Kommunikationssystem zu erbringenden Funktionen wurden von der internationalen Normungsorganisation ISO (International Organization for Standardization) im OSI–Referenzmodell (Open Systems Interconnection) festgelegt (siehe Bild 25), dem die folgenden Prinzipien zugrundeliegen /31/:

- ♦ Aufteilung der Kommunikationsfunktionen in Schichten ("Layer"),
- ♦ Festlegung der zu erbringenden Dienste für jede Schicht,
- ♦ die auf eine Schicht N aufsetzende Schicht N+1 verwendet zur Erbringung ihrer Funktion die Dienste der Schicht N,
- ♦ die Kommunikation zwischen den Schichten einer Schichtenebene erfolgt über definierte ISO–Protokolle.

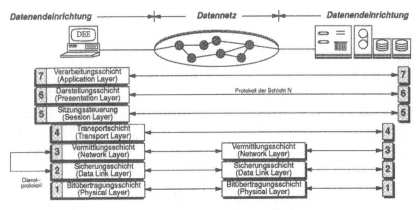

Bild 25: ISO/OSI-Referenzmodell für offene Kommunikation

Für die einzelnen Schichten des Basisreferenzmodells existieren inzwischen stabile Standards. Für den Bereich der rechnerintegrierten Fertigung und für Anwendungen der Bürokommunikation steht die MAP/TOP Spezifikation Version 3.0 (MAP = Manufacturing Automation Protocol, TOP = Technical and Office Protocol) zur Verfügung, die bis 1994 festgeschrieben wurde und damit sowohl Anbietern als auch Anwendern die erforderliche Stabilität dieser Protokolle gewährleisten.

Eng gekoppelt an die Kommunikationsart (Protokolle) ist die physikalische 'Form' des Kommunikationsnetzes. Hier gibt es generell vier sogenannte Netzwerktopologien, die je nach Einsatzart und Ausdehnung eines Netzes verwendet werden: 'Bus', 'Ring', 'Stern' und 'Masche'.

Diese Topologien kommen im allgemeinen gemischt zur Anwendung und bilden dann hierarchische Netzstrukturen.

Grundsätzlich wird die Kommunikation im Rahmen des rechnerunterstützten Qualitätssicherungssystems als Dienst angesehen, der von den einzelnen Funktions- und Verwaltungsmodulen in Anspruch genommen wird und ansonsten eine 'Black Box' mit definierten Schnittstellen darstellt. Speziell auf den anwendungsbezogenen Ebenen des Referenzmodells müssen hierzu Übertragungsprotokolle definiert werden, um diese Schnittstellen von Anwendungsseite verwenden zu können.

Im Bereich der Übertragung und des Austausches von Qualitätsdaten und qualitätsrelevanten Daten existieren zur Zeit z.B. folgende Projekte, Spezifikationen und Standards:

- IGES (Initial Graphic Exchange Specification)
- SET (Standard d'Echange et de Transfer)
- VDA-FS (VDA-Flächenschnittstelle)
- STEP (Standard for the Exchange of Product Model Data)
- EDIFACT (Electronic Data Interchange For Administration Commerce & Transport)
- LIQUID (Links and Interfaces for Quality Information and Data)
- QDES (Quality Data Exchange Specification)

Da diese Übertragungsprotokolle jeweils speziell auf relativ eng eingegrenzte Informationsarten zugeschnitten sind, müssen sie, je nach Einsatzzweck, nebeneinander zur Anwendung kommen.

5.2.3 Datenhaltung

Obwohl heute sehr leistungsfähige Datenmanagementsysteme existieren, hat der Weg von rein File-(Datei)-orientierter Datenhaltung über hierarchische und relationale Datenbanken bis hin zur objektorientierten Datenbank im Bereich der fertigungsnahen Datenverarbeitung zu einer ungünstigen Ausgangssituation geführt /6/:

- Durch die stufenweise Implementierung von Teilaufgaben der manuellen Organisation in Rechnerfunktionen sind weitgehend autonome und ablauforientierte Systeme entstanden, die jeweils nur einen Ausschnitt des Gesamtablaufes der Fertigungsorganisation abbilden.
- Abhängig und schritthaltend mit dem Leistungsvermögen von Hardware und Software ist der Funktionsumfang dieser Systeme immer weiter gewachsen, was zu einer funktionalen Überschneidung der Systeme geführt hat.
- Aufgrund der i.a. auf der Basis von Programmiersprachen der dritten Generation (z.B. Fortran, Cobol etc.) entstandenen Systeme wurden Daten meist auf die sie benutzenden Programme abgestimmt, was zu einer systembezogenen Datenhaltung geführt hat.
- Aus den o.g. Punkten der funktionalen Überschneidung und der systembezogenen Datenhaltung resultieren unerwünschte Datenredundanzen.

Diese Ausgangssituation bringt folgende Probleme mit sich /6/:

- schwierige Systemauswahl hinsichtlich Funktionalität,
- aufwendige Konsistenzsicherung,
- hoher Aufwand zur Integration von Systemen und
- wenig Transparenz trotz EDV-Einsatz.

Im Sinne eines umfassenden rechnerunterstützten Qualitätssicherungssystems ist die transparente Bereitstellung von Daten und Informationen aus unterschiedlichen Bereichen und von verschiedenen EDV-Anwendungen zentrale Voraussetzung. Wünschenswert wäre sicherlich eine unternehmenszentrale Datenbank, auf die alle DV-Systeme des Unternehmens zugreifen. Von diesem Ziel ist man, nicht zuletzt aufgrund mangelnder Standardisierung, weit entfernt. Einen Schritt in diese Richtung stellen jedoch sogenannte 'Verteilte Datenbanken' dar, in welchen Informationen möglichst da gespeichert werden, wo sie am häufigsten benötigt werden (Datenlokalität), von wo aus sie jedoch auch von 'anderen' Anwendungen jederzeit abgerufen und geändert werden können.

Wie bei der Kommunikation, so geht der im Rahmen dieser Arbeit vorgestellte Ansatz auch bei der reinen Datenhaltung von einer weitestgehenden Entkoppelung von Funktionen und Informationen aus. Dies ist jedoch weder in bezug auf die objektorientierte Funktionsrealisierung, noch hinsichtlich einer objektorientierten Datenhaltung ein Widerspruch, sondern bezieht sich lediglich auf die Schnittstelle zwischen Funktionen und Daten.

Vereinfacht ausgedrückt bedeutet dies folgendes: Jede Information besitzt eine eindeutige Identifizierung, die den Funktionen 'bekannt' ist und von ihnen bei der Anforderung oder Speicherung von Daten angegeben wird. Die in Bild 26 in Abschnitt 5.4 enthaltenen Schichten "Daten-Handling" und "Anpassungsschicht 2 (Daten)" 'kennen' die Zuordnung zwischen der Datenidentifizierung und dem realen Speicherungsort dieser Daten. Diese Zuordnung(stabelle) wird i.a. als "Data Dictionary" bezeichnet. Aufgrund der von einer Funktion genannten Beschreibung einer Information rufen die genannten Schichten die entsprechenden Daten, u.U. unter Beauftragung des Kommunikationssystems, an deren Speicherungsort ab und übergeben sie der anfordernden Funktion. Damit spielt es grundsätzlich keine Rolle mehr, in welcher Form, d.h. ob in einer Datei oder in einer Datenbank beliebiger Ausprägung, die Daten real vorliegen. Seitens der Funktionen erfolgt lediglich ein virtueller Datenzugriff. Die Realisierung dieses Konzeptes entspricht weitgehend dem Layer-Prinzip des ISO/OSI-Kommunikationsmodells.

5.3 Organisatorische Voraussetzungen

5.3.1 Numerierungssystem

Identifikationsschlüssel werden im Unternehmen in großem Umfang und in verschiedenster Ausprägung benötigt, z.b. für materielle Objekte, wie Teile, Produkte, Prüfmittel, Werkzeuge, Maschinen, Geräte, Materialien etc., aber auch für DV–technische Objekte, wie Produkt– und Teilezeichnungen, Arbeits– und Prüfpläne, Fertigungs– und Prüfaufträge, Dokumente, Qualitätsdaten etc.

Da einerseits der Datenzugriff auf DV–technische Objekte meist über diese Identifikationsschlüssel erfolgt und Personen anhand solcher Schlüssel auf materielle Objekte zugreifen, sind in beiden Beziehungen handhabbare Schlüssel notwendig.

Identifikationsschlüssel bestehen meist aus einem klassifizierenden und einem identifizierenden (numerierenden) Teil. Die Klassifizierung dient der (linear oder baumartig) strukturierten Einordnung eines Objektes in eine Objektklasse. Die Numerierung detailliert diese Zuordnung auf eines von mehreren gleichartigen Objekten dieser Klasse.

Sowohl die verschiedenen Anforderungen unterschiedlicher Unternehmen, als auch die oft notwendige Anpassung eines Schlüssels an geänderte Randbedingungen macht eine große Flexibilität der im rechnerunterstützten Qualitätssicherungssystem verwendeten Schlüssel notwendig. Um dies zu realisieren, werden Schlüssel immer aus einem klassifizierenden und einem identifizierenden (numerierenden) Teil aufgebaut, deren Ausprägung und Umfang jeweils unabhängig voneinander definiert werden kann. Lediglich der Gesamtumfang des Schlüssels, also die Stellenzahl ist auf ein ausreichendes Maximum festgelegt, wobei sowohl Verwendungsumfang als auch der Umfang der Darstellung (z.B. am Bildschirm) frei wählbar sind. Dies wird durch Schlüsseldefinitionen in Zusammenhang mit Zuordnungstabellen realisiert.

5.3.2 Personenidentifikation und Berechtigungen

Viele Funktionen des rechnerunterstützten Qualitätssicherungssystems erfordern die eindeutige Identifikation des Durchführenden. Beispiele hierfür sind

- die Durchführung einer Prüfung mit Protokollierung des Prüfers,
- die Freigabe von Vorgaben (z.B. Prüfpläne, Fertigungsunterlagen etc.) und Ergebnissen (z.B. Prüfergebnisse),
- die 'elektronische Unterschrift' als Bestätigung z.B. der Kenntnisnahme,
- die Änderung von Dokumenten jeglicher Art (z.B. Qualitätssicherungshandbuch).

Bei papierbasierter Durchführung solcher Aufgaben geschieht die Identifikation mit Hilfe der Unterschrift des Durchführenden. Bei rein rechnerunterstützter Bearbeitung muß die Identifikation mit anderen Mitteln sichergestellt werden.
Hierfür existieren verschiedene Möglichkeiten:

- Bei den meisten größeren Betriebssystemen (z.B. VMS, UNIX) muß sich der Benutzer mit seinem Benutzernamen und einem persönlichen Paßwort anmelden, bevor er eine Funktion aufrufen kann. Für jeden Benutzer sind, sowohl auf Betriebssystemebene als auch im QS–System, bestimmte Privilegien (Berechtigungen zum Aufruf definierter Funktionen) festgelegt.
  Die entsprechende Berechtigung ermöglicht es damit dem Benutzer, eine Funktion durchzuführen, und die Identifikation durch Benutzername und Paßwort wird verwendet, um den Durchführenden der Funktion festzuhalten.

♦ Bei Betriebssystemen, die selbst keine Benutzeridentifikation verlangen (z.b. DOS), muß diese durch die (QS-)Software selbst mit Hilfe eines ähnlichen Mechanismus' (Benutzername und Paßwort) sichergestellt werden.

♦ Abhängig von der Hardware-/Software-Konfiguration eines Arbeitsplatzes sowie der Benutzerstruktur ist es möglich, daß sich der Benutzer vor der Funktionsdurchführung identifiziert, indem er eine persönliche Code-Karte (z.b. mit Magnetstreifen oder Barcode) in ein entsprechendes Lesegerät eingibt.
Dies ist z.b. notwendig, wenn sich mehrere Benutzer einen DV-Arbeitsplatz teilen und jeweils zwar häufig aber nur relativ kurz an diesem Gerät arbeiten müssen.

Die sichere Benutzeridentifikation ist ein kritisches Thema, dem innerhalb eines DV-Systems große Aufmerksamkeit gewidmet werden muß, um unbefugten Datenzugriff und die Durchführung von Funktionen ohne entsprechende Berechtigung zu verhindern.

5.4 Systemarchitektur

Zunächst scheint die angestrebte Allgemeingültigkeit bezüglich des zu erreichenden Detaillierungsgrades die Darstellung eines solchen Konzeptes zu erleichtern. Jedoch macht es gerade diese Allgemeingültigkeit notwendig, im Sinne flexibler Systemstrukturen zusätzliche Funktionalitäten vorzusehen.

Bevor die einzelnen funktionalen Systemkomponenten beschrieben werden, soll zunächst die zugrundeliegende Systemarchitektur vorgestellt werden, was einerseits die spätere funktionale Einordnung der Systemkomponenten erleichtert und andererseits die dabei verfolgte Allgemeingültigkeit erklärt und rechtfertigt.

Bild 26 zeigt die Hauptkomponenten dieser Systemarchitektur.
Die konsequente Anwendung des Client-Server-Prinzips wird bei der Darstellung der Architektur durch einzelne Schichten angedeutet.

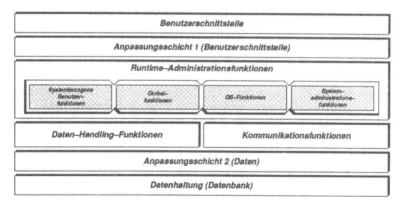

Bild 26: Systemarchitektur (Überblick)

Die *Benutzerschnittstelle* stellt alle Funktionen bereit für die (interaktive) Ein- und Ausgabe von Daten und Informationen jeglicher Art auf verschiedensten Geräten, wie

- 92 -

- interaktive Ein-/Ausgabe von Daten und Informationen
  (z.B. graphische, zeichenorientierte, zeilen- oder matrixorganisierte Sichtgeräte, wie Workstations, PC's, Terminals etc.),
- spezielle Eingabegeräte (z.B. Barcode-Leser, Schalter/Taster, Scanner etc.) und
- Ausgabegeräte (z.B. Drucker, Plotter etc.).

Die *Anpassungsschicht 1 (Benutzerschnittstelle)* stellt die Verbindung zwischen den Ein-/Ausgabeanforderungen der verschiedenen (operationellen) Funktionen (Clients) auf der einen und den technischen Möglichkeiten der Ein-/Ausgabegeräte (Server) auf der anderen Seite her. Dadurch können die Funktionen ihre Ein-/Ausgaben unabhängig vom jeweils verwendeten Ein-/Ausgabegerät vornehmen, was allerdings die Definition entsprechender Dienste-Anforderungsprotokolle voraussetzt.

Die *Runtime-Administrationsfunktionen* koordinieren und überwachen den Betrieb des Systems und stellen damit quasi das 'Betriebssystem' des rechnerunterstützten QS-Systems dar.

Eingebettet in dieses 'Betriebssystem' sind die eigentlichen operationellen Funktionen des QS-Systems, welche die bereits definierten und noch im einzelnen zu beschreibenden Systemkomponenten (Funktions- und Aufgabenbereiche) repräsentieren.

Die *Systembezogenen Benutzerfunktionen* gliedern sich wie folgt auf (Bild 27):

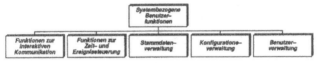

Bild 27:   Systembezogene Benutzerfunktionen

Die *Globalfunktionen* (oder auch übergreifende Funktionen) stellen systemweite, nicht auf die Einzelfunktionalität bezogene Dienste zur Verfügung.
Ihre Aufteilung zeigt Bild 28.

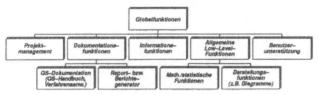

Bild 28:   Globalfunktionen (übergreifende Funktionen)

Die *QS-Funktionen* beinhalten diejenigen Funktionen, die zur operationellen Durchführung von Qualitätssicherungsaufgaben vorgesehen sind und stellen den größten Anteil an den definierten Funktions- und Aufgabenbereichen dar.
Sie sind wie folgt eingeteilt (Bild 29):

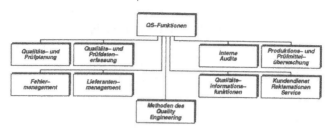

Bild 29: (Operationelle) Qualitätssicherungsfunktionen

Bei den Qualitätssicherungsfunktionen existieren, wie auch bei den zuvor genannten Funktionen, zahlreiche Teil- und Unterfunktionen.

Beispielsweise sind im Funktionsblock *Methoden des Quality Engineering* (siehe auch Abschnitt 5.5.11) Funktionen enthalten, wie

♦ Fehlermöglichkeits- und -einflußanalyse (FMEA),
♦ Quality Function Deployment (QFD),
♦ Statistische Versuchsplanung (DoE) und Durchführung
♦ Sicherheitsanalysen (z.b. Fehlerbaum-, Störfallablaufanalyse)
♦ Zuverlässigkeitsberechnung und Durchführung entsprechender Tests
♦ etc.

Die *Systemadministrationsfunktionen* bestehen aus Teil- und Unterfunktionen, wie z.b.

♦ Konfigurationsmanagement und
♦ Diagnose- und Wartungsfunktionen etc.

Die *Daten-Handling-Funktionen* steuern den gesamten Datenzugriff seitens der Funktionen. Diese Daten-Handling-Funktionen basieren auf Referenzlisten, in welchen logischen Datenrepräsentationen reale zugeordnet werden. Abhängig von der realen Datenbeschreibung werden dann entsprechende Funktionen zum Datenabruf, zur Datenspeicherung etc. angestoßen. Bild 30 soll diesen Sachverhalt an einem einfachen Beispiel verdeutlichen:

Ziel dieser Mechanismen ist es, den Funktionen alle Daten so zur Verfügung zu stellen, als könnten sie direkt darauf zugreifen. Und dies, obwohl manche Daten vielleicht erst konvertiert oder z.b. erst von einem anderen DV-System angefordert werden müssen. Man könnte diese Vorgehensweise auch als "virtuellen Datenzugriff" bezeichnen, der durch verschiedene Mechanismen ermöglicht wird, die auf, im allgemeinen als "Data Dictionary" genannten, Zuweisungstabellen basieren.

Voraussetzung ist allerdings, daß andere CA-Systeme auch in der Lage sind, entsprechende Informationsanfragen auf Grundlage vereinbarter Kommunikationsprotokolle zu 'verstehen' und zu beantworten.

Daneben beinhalten die *Daten-Handling-Funktionen* noch diverse Teilfunktionen zur Sicherstellung der Datenkonsistenz, zur Datensicherung und -restaurierung etc., die im wesentlichen von den *Systemadministrationsfunktionen* verwendet werden.

Die *Kommunikationsfunktionen* sind für die Abwicklung der internen und externen Kommunikation von Personen untereinander, Funktionen untereinander und zwischen Personen und Funktionen zuständig. Sie basieren auf den Grundfunktionen ("Mailing"), die heute jedes moderne Betriebssystem zur Verfügung stellt.

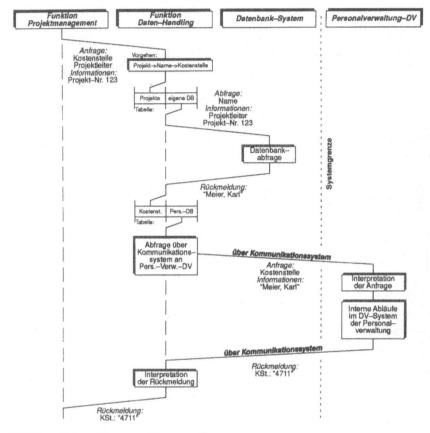

Bild 30: Beispiel für einen Datenzugriff

Die *Anpassungsschicht 2 (Daten)* stellt die Schnittstelle zwischen systeminterner Datenrepräsentation und der im Einzelfall verwendeten Datenbank dar. Lediglich diese Schicht muß ausgetauscht oder umparametrisiert werden, um das System an eine bestimmte Datenbank (z.B. Adimens, Oracle, Ingres, RdB etc.) anzupassen, die in Bild 26 als *Datenhaltung (Datenbank)* bezeichnet ist.

5.5 Systemkomponenten

5.5.1 Administration des Systems

Neben einer größeren Anzahl administrativer Systemfunktionen verdienen die Zeitsteuerung ("Time Scheduler") und die Ereignissteuerung ("Event Control") besondere Erwähnung, weil auf ihnen einige der nachfolgend beschriebenen Funktions- und Aufgabenbereiche basieren.

Beide Funktionalitäten basieren auf Ereignissen, die, wenn sie eingetreten sind, bestimmte vordefinierte Aktionen auslösen.
Während im Rahmen der Zeitsteuerung Ereignisse bereits für einen bestimmten Zeitpunkt (zeitlich definierter Systemzustand) eingeplant sind, werden Ereignisse im Rahmen der Ereignissteuerung zwar von ihrer Ausprägung (erreichter Systemzustand) und den zu veranlassenden Aktionen her vorgeplant, der Auftretenszeitpunkt ist jedoch nicht vorhersehbar.

5.5.1.1 Zeit- und Ereignissteuerung

Der 'Time and Event Controller' (Zeit- und Ereignissteuerung) ist im Prinzip ähnlich einem Kalender aufgebaut, der einen Detaillierungsgrad bis auf Sekundenebene oder sogar darunter besitzt.
Hier werden alle Ereignisse eingetragen, die mit einem bestimmten Zeitpunkt vorplanbar sind. Diese Ereignisse werden entweder interaktiv von einem Benutzer oder automatisch durch bestimmte Funktionen eingetragen und können bezüglich ihrer Wirkungsweise folgende Ausprägungen besitzen:

- ♦ Anstoß einer Funktion
- ♦ Generierung einer Nachricht an eine oder mehere Personen
- ♦ Kombinierte Aktionen

Obwohl ein einziges Ereignis immer nur an einen einzigen Zeitpunkt gebunden ist, gibt es die Möglichkeit, ein solches Ereignis mit identischer Wirkung zu mehreren Zeitpunkten, z.B. mit gleichen dazwischenliegenden Zeitintervallen, einzuplanen. Der zur Auslösung der definierten Aktion(en) zu erreichende Systemzustand ist damit ein Zeitpunkt.

Beispiel:

Ein Prüfmittel muß jeden Monat überprüft und jährlich einmal kalibriert werden.
In der Prüfmittelverwaltung werden diese Maßgaben zusammen mit dem ersten Einsatzdatum (z.B. = Anschaffungsdatum) angegeben. Eine Unterfunktion der Prüfmittelverwaltung trägt nun automatisch zu den sich aus den o.g. Intervallen ergebenden Zeitpunkten, also jeden Monat Überprüfung und jedes Jahr Kalibrierung, ein geeignetes Ereignis in den 'Kalender' ein.
Die Verwaltung der Zeit- und Ereignissteuerung sorgt nun laut Ereignisdefinition durch Anstoß entsprechender Funktionen z.B. dafür, daß zu den entsprechenden Zeitpunkten (bzw. rechtzeitig vorher)

- ♦ das Prüfmittel gesperrt wird und damit nicht mehr eingeplant werden kann,
- ♦ die für die Überprüfung bzw. Kalibrierung zuständige Person oder Stelle eine entsprechende Nachricht erhält und daß
- ♦ ein Überprüfungs- bzw. Kalibrierungsauftrag generiert oder ausgedruckt wird.

Software-technisch wird die Zeit- und Ereignissteuerung als binärer Baum in Form einer 'doppelt verketteten Liste' realisiert (siehe Bild 31). Jeder Eintrag besteht (normalerweise) aus einer absoluten Zeitangabe t_i sowie vier Zeigern ('Pointer'), die auf den übergeordneten Eintrag ('Vorgänger'), den linken Nachfolger mit der nächst kleineren Zeit t_{i-1}, den rechten Nachfolger mit der nächst höheren Zeit t_{i+1} sowie auf das zur Zeit t_i gehörige Ereignis deuten.

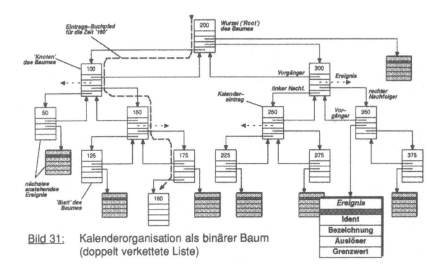

Bild 31: Kalenderorganisation als binärer Baum (doppelt verkettete Liste)

Einige Einträge haben eine besondere Bedeutung:
(Die nachfolgenden Zahlenangaben in Klammern beziehen sich auf die in Bild 31 beispielhaft eingesetzten absoluten Zeitangaben.)

- ◆ Die Wurzel ('Root') des Baumes (200) besitzt als einziges Baumelement keinen Vorgänger und ist der Ausgangspunkt jeder Such- und Eintragsoperation im binären Baum. Ansonsten stellt die Wurzel ebenso wie alle anderen Elemente einen normalen, mit einer Zeitangabe versehenen, Verweis auf ein Ereignis dar. Wenn dieses Ereignis eintritt, weil der entsprechende Zeitpunkt (200) erreicht ist, so wird der Eintrag aus dem Baum entfernt und ein anderes Element (gemäß Vereinbarung: der rechte Nachfolger = 300) wird zur Wurzel des Baumes.

- ◆ Neben der Wurzel gibt es noch zwei weitere Arten von Elementen im binären Baum: hat ein Element weder einen linken noch einen rechten Nachfolger, so wird es als 'Blatt' des Baumes bezeichnet (50, 125, *160*, 225, 275, 375). Alle Elemente, die weder die Wurzel des Baumes, noch ein 'Blatt' sind, werden als 'Knoten' bezeichnet (100, 150, *175*, 250, 300, 350). Sie haben mindestens einen Nachfolger.

- ◆ Bewegt man sich, ausgehend von der Wurzel, solange entlang der rechten Flanke des Baumes (200–>300–>350–>375), bis ein Element keinen rechten Nachfolger besitzt, so erreicht man den Eintrag (375), der am weitesten in der Zukunft liegt.

- ◆ Bewegt man sich, ausgehend von der Wurzel, solange entlang der linken Flanke des Baumes (200–>100–>50), bis ein Element keinen linken Nachfolger mehr besitzt, so hat man den Eintrag (50) für das nächste anstehende Ereignis erreicht. Dieses Element hat insofern eine besondere Bedeutung, als daß die zugehörige Zeitangabe laufend mit der aktuellen Zeit verglichen werden muß.

Bei jeder Eintrags- und Austragsoperation erhält der Baum eine neue Gestalt. Man könnte annehmen, daß der Baum allmählich 'rechtslastig' wird, da das nächste zeitlich erreichte Ereignis immer auf der linken Seite des Baumes ausgetragen wird. Ausgedehnte Versuche haben jedoch ergeben, daß der Baum hauptsächlich aus zwei Gründen auf lange Sicht hin nahezu symmetrisch bleibt:

♦ Der reale Zeitpunkt, zu dem ein Ereignis in den Ereignisbaum eingetragen wird, liegt immer links, d.h. zeitlich vor dem nächsten zu bearbeitenden und auszutragenden Ereignis. Daher werden durchaus auch auf der linken Seite des Baumes neue Ereignisse eingetragen. Das Fortschreiten der 'Rechtslastigkeit' wird dadurch verlangsamt.

♦ In dem Moment, in dem die Wurzel des Baumes das nächste eintretende Ereignis darstellt und ausgetragen wird, ergibt sich durch die Umorganisation des Baumes, d.h. dadurch, daß der rechte Nachfolger zur Wurzel wird, wieder ein annähernd symmetrischer Baum.

Für alle Such-, Eintrags- und Austragsoperationen werden rekursive Prozeduren bzw. Funktionen nach folgendem stark vereinfachten Schema verwendet:

```
Funktion Suche_nächstes_Ereignis (Ausgangselement) : Ereignis;
Begin
Wenn ein linker Nachfolger existiert
    dann Suche_nächstes_Ereignis:=Suche_nächstes_Ereignis (Linker_Nachfolger)
    sonst Suche_nächstes_Ereignis:=Linker_Nachfolger;
End;
```

Der Aufruf dieser Funktion zur Suche nach dem nächsten anstehenden Ereignis würde lauten:

```
Nächstes_Ereignis := Suche_nächstes_Ereignis (Wurzel_des_Baumes);
```

Die Suche nach einem beliebigen Ereigniszeitpunkt kann maximal soviele Schritte umfassen, wie der Baum Ebenen (Elemente auf gleicher 'Höhe' des Baumes) besitzt.
Die Zeiger, welche auf den jeweiligen Vorgänger eines Elementes deuten, sind für die Reorganisation des Baumes nach Austragsoperationen notwendig. Durch das Vorhandensein dieser Zeiger erhält der Baum die Eigenschaft einer 'doppelt verketteten Liste'.

In Bild 31 ist beispielhaft der Such-/Eintragspfad für ein neues Element mit der Zeit 160 eingezeichnet.

5.5.1.2 Ereignissteuerung

Zur Reaktion auf festgelegte, nicht zeitabhängige oder nicht zeitlich planbare, Systemzustände ist die Funktionalität der Ereignissteuerung vorgesehen. Ereignisse kennzeichnen einen bestimmten (zeitlich undefinierbaren) Systemzustand, bei dessen Eintreten bestimmte vordefinierte Aktionen ausgelöst werden sollen.

Solche Systemzustände können z.B. sein:

♦ Beginn oder Beendigung einer Funktion (z.B. Prüfdurchführung, Prüfauftrag)

♦ Eintreffen einer Nachricht

♦ Interaktive Auslösung eines Ereignisses (z.B. Tastendruck)

♦ Erreichen eines bestimmten Zählerstandes (siehe Beispiel unten)

Beispiel:

In Ergänzung zum obigen Beispiel muß das Prüfmittel auch dann überprüft werden, wenn es 50 Einsätze absolviert hat. Bei Angabe dieser Forderung in der Prüfmittelverwaltung wird ein entsprechendes Ereignis definiert, dessen Auftreten anschließend von geeigneten Funktionen der Ereignissteuerung überwacht wird. Tritt dieses Ereignis ein, erreicht also der Einsatzzähler des Prüfmittels den Wert 50, so werden die zuvor festgelegten Aktionen angestoßen.

Bild 32: Zusammenhänge bei Zeit- und Ereignissteuerung (schematisch)

5.5.2 Personalmanagement

Der Mensch nimmt im Rahmen eines rechnerunterstützten Qualitätssicherungssystems eine zentrale Rolle ein, da bei ihm trotz Rechnerunterstützung Verantwortlichkeiten, Kompetenzen und Entscheidungsbefugnisse konzentriert sind. Er ist damit ein integraler, eigentlich sogar ein zentraler, Bestandteil von Aufbau- und Ablauforganisation eines Qualitätssicherungssystems und muß daher als Objekt im Sinne objektorientierter Denkweise und Software-Technik als solcher behandelt werden.

Aus den Normen DIN ISO 9000 ff. lassen sich folgende, auf Personen bezogene Forderungen und Sachverhalte ableiten, die in einem rechnerunterstützten System abgebildet werden müssen:

- Innerhalb der Aufbauorganisation eines Unternehmens müssen Über- und Unterstellungsverhältnisse und die daraus resultierenden Disziplinar- und Fachvorgesetztenverhältnisse unter Sicherstellung geforderter Unabhängigkeiten definiert und dokumentiert sein.
- *"Die Verantwortungen, Befugnisse und die gegenseitigen Beziehungen aller Mitarbeiter, die leitende, ausführende und überwachende Tätigkeiten ausüben, welche die Qualität beeinflussen"* (vgl. DIN ISO 9001, 4.1.2.1), müssen geregelt und bestimmten Aufgaben, Funktionen und Vorgängen zugeordnet sein. Diese Sachverhalte müssen in Form von Organigrammen und Stellen- bzw. Aufgabenbeschreibungen dokumentiert sein.
- Es muß eine Vertreterregelung bezüglich bestimmter Aufgaben existieren.
- Verantwortlichkeiten und Befugnisse müssen, ebenso wie Aufgabengebiete, mit der Qualifikation der entsprechenden Personen korrelieren, was den Aufbau und die Pflege eines Schulungsplanes und einer Qualifikationsübersicht notwendig macht (vgl. DIN ISO 9001, 4.18 sowie DIN ISO 9004, 18.2).
- Kurzfristige (zeitlich begrenzte) Verantwortungen und Befugnisse müssen festgelegt sowie nachvollziehbar und überprüfbar gemacht werden. (z.B. Verantwortlicher für eine qualitätsverbessernde Maßnahme im Rahmen eines Projektes)

Um diese Anforderungen in einem rechnerunterstützten System handhabbar zu machen, sind darüber hinaus einige organisatorische, personenbezogene Daten und Informationen notwendig, wie

- Zuordnung von Personen zu
  - organisatorischen Einheiten (z.B. Bereiche, Abteilungen etc.),
  - Aufgaben, Tätigkeiten, Maßnahmen, Projekten etc.,
  - Kostenstellen (z.B. für die Erfassung qualitätsbezogener Kosten),
- Adresse, Arbeitsplatz (z.B. Raumnummer), Telefonnummer, Kurzzeichen etc.
- EDV-bezogenen Informationen, wie z.B. Benutzerkennung, Identifikation des Arbeitsplatzrechners (z.B. Ethernet-Adresse, Rechnername bzw. -nummer) etc.
- persönlichen, geheimzuhaltenden Daten, wie Paßwort (z.B. als elektronische Unterschrift)

Durch diese besondere informationstechnische Berücksichtigung von Personen im Rahmen eines rechnerunterstützten Systems wird innerhalb des Unternehmens eine große Transparenz im Sinne eines Informationssystems, was weit über das 'Nachschlagen' von Telefon- oder Zimmernummern hinausgeht, geschaffen.

Die Zuordnungskette Verantwortung/Befugnis/Kompetenz –> Position/Funktion –> Person hat darüber hinaus bei der Dokumentation des QS–Systems eine große Bedeutung, da hier relative Angaben gemacht werden können, die über Zuordnungstabellen in die aktuell gültigen Angaben umgesetzt werden.

Die verwendete Datenstruktur ist in Bild 33 schematisch dargestellt.

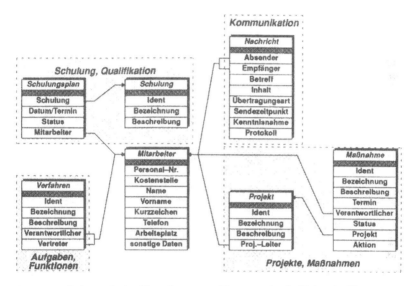

Bild 33: Schematische Einordnung von Personen in die Datenstruktur

5.5.3 Kommunikation

Als eine der wichtigsten systembezogenen Komponenten eines rechnerunterstützten Qualitätssicherungssystems muß die interne und externe Kommunikation angesehen werden. Für die Realisierung müssen zwei elementare Voraussetzungen erfüllt sein:

- ♦ Alle Personen bzw. Bereiche, die funktionaler Bestandteil des Systems sind, müssen über die geeignete Hardware, also im wesentlichen Datenendgeräte, verfügen (vgl. 5.2.1).
- ♦ Diese Hardware–Komponenten des Systems müssen informationstechnisch miteinander verbunden (vernetzt) sein (vgl. 5.2.2).

Ein Qualitätssicherungssystem ist ein komplexes System, an welchem viele Personen mit unterschiedlichen Aufgabenbereichen beteiligt sind. Daraus ergibt sich eine hohe Kommunikationsnotwendigkeit, um das System als Ganzes aufrechtzuerhalten.

Aus Software–Entwicklungsprojekten (vgl. /5/ ist beispielsweise bekannt, daß der Kommunikationsaufwand mit zunehmender Anzahl von Projektbeteiligten nahezu exponentiell steigt, was bei einer angenommen begrenzten Leistungsfähigkeit des einzelnen zwangsläufig zu einem Absinken der zielorientierten Arbeitsproduktivität führt. Dieser systembedingten Tatsache gilt es innerhalb eines rechnerunterstützten Qualitätssicherungssystems durch Implementierung einer geeigneten Kommunikations-'Infrastruktur' entgegenzuwirken.

Jede Kommunikation besteht aus einer Quelle (Sender) sowie einer oder mehreren Senken (Empfänger). Grundsätzlich existieren bezüglich des verwendeten Übertragungsmediums einige Möglichkeiten, Kommunikation zu betreiben, also Informationen zu übermitteln, wie z.B. das gesprochene Wort, Papier, Datenträger, Kommunikationsnetzwerke oder bei einfachen Informationen auch akustische oder optische Signale.

Innerhalb eines Qualitätssicherungssystems läßt sich der Kommunikationsbedarf bezüglich der Quelle-Senken-Konfiguration folgendermaßen (Bild 34) klassifizieren:

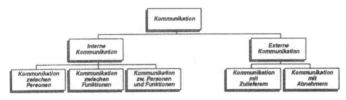

Bild 34: Quelle-Senken-Konfigurationen der QS-Kommunikation

Die Begriffe intern und extern sind dabei auf das Qualitätssicherungssystem bezogen, d.h. während die externe Kommunikation den Austausch von Informationen mit Partnern des Unternehmens (Zulieferer und Abnehmer) abwickeln soll, ist die interne Kommunikation für den Informationsaustausch zwischen den einzelnen Komponenten des Qualitätssicherungssystems bestimmt.

Desweiteren ist in beiden Bereichen zu unterscheiden (vgl. Bild 35) zwischen

♦ individueller Kommunikation, z.B.
  - dem Verschicken einer (persönlichen) Mitteilung an einen internen oder externen Kommunikationspartner,
♦ der regelmäßigen, z.B. zeitgesteuerten Generierung von Nachrichten, z.B.
  - monatliche (externe) Übertragung von Teileabruflisten zum Zulieferer oder
  - (interne) Erinnerung zur Abgabe des Qualitätsmonatsberichtes und
♦ der ereignisgesteuerten Generierung von Nachrichten, z.B.
  - (interne) Aufforderung zur Freigabe fertiggestellter Chargen oder
  - (externe) Übertragung der Qualitätszertifikate an den Abnehmer.

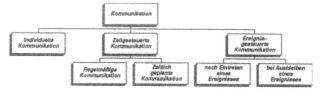

Bild 35: Klassifikation der Kommunikation nach Auslösern

Bei der personenbezogenen Kommunikation muß neben der bereits erwähnten Möglichkeit der Nachricht an gleichzeitig mehrere Adressaten auch bezüglich der Ausprägung unterschieden werden zwischen Nachrichten,

- die dem/den Empfänger(n) aufgrund ihrer Dringlichkeit sofort zur Kenntnis gebracht werden müssen,
- deren Kenntnisnahme durch den/die Empfänger entweder dem Sender oder lediglich dem System gegenüber quittiert werden muß,
- deren Übermittlung und/oder bestätigte Kenntnisnahme protokolliert werden muß,
- die bei momentaner Abwesenheit des Empfängers gegebenenfalls an dessen Stellvertreter weitergeleitet werden müssen, eventuell mit entsprechender Benachrichtigung des Senders oder
- die erst zu einem bestimmten Zeitpunkt, also verzögert, an den Empfänger weitergeleitet werden soll.

Bei der funktionsbezogenen Kommunikation sind Unterscheidungen notwendig, ob

- einer Funktion Informationen zur Verfügung gestellt werden sollen,
- eine Funktion angestoßen, beendet oder abgebrochen werden soll oder
- eine Funktion aufgefordert wird, Informationen zu liefern.

Die jeweilige Ausprägung der Reaktion einer Funktion auf eine Nachricht ist sehr stark vom Umfeld und der Wirkungsweise der Funktion abhängig und setzt voraus, daß diese Reaktion in der Funktion selbst bereits implementiert ist.

Beispiel:

Die globale Funktion "Prüfauftragsverwaltung" erhält von einer anderen Systemkomponente (z.B. PPS-System) die Nachricht über einen erfolgten Wareneingang sowie die zugehörigen Auftragsdaten. Daraufhin wird die Teilfunktion "Prüfauftragsgenerierung" der Prüfauftragsverwaltung angestoßen, um, basierend auf den Auftragsdaten (die interpretiert werden müssen), dem in Frage kommenden Prüfplan, eventuell vorhandener Dynamisierungsregeln für den Prüfumfang, der Verfügbarkeit entsprechender Prüfmittel etc. einen Prüfauftrag zu generieren, diesen an den Durchführungsort der Prüfung zu schicken, ihn einer (Prüf-)Auftragsüberwachung (z.B. wieder PPS) zu übergeben etc.

Das Beispiel zeigt, daß eine Kommunikation zwischen Funktionen, also eventuell zwischen verschiedenen DV-Systemen, einiges an speziell für diesen Zweck vordefinierter Teilfunktionalität voraussetzt. Diese Art der Kommunikation soll, weil nicht allgemeingültig behandelbar, mit Ausnahme einiger QS-System-interner Einsatzbereiche nicht weiter vertieft werden.

Es wurde bereits zwischen individueller, zeitgesteuerter und ereignisabhängiger Kommunikation unterschieden. Diese Unterscheidung zeigt sich auch bei der Implementierung entsprechender Funktionen.

Die individuelle Kommunikation besteht darin, daß eine Person einer oder mehreren anderen Personen oder Bereichen eine Nachricht schicken will. Diese Nachricht kann

- ein beliebiger Text,
- eine datenmäßig vorhandene Information, z.B. ein Dokument oder
- eine vorgefertigte Meldung, z.B. Endemeldung eines Arbeitsganges, Aufforderung zu einer Reaktion o.ä. sein.

Diese Art der Kommunikation wird jeweils durch einen Systembenutzer definiert und angestoßen und ist somit, was die Interaktion zwischen Sender und System auf der einen und Empfänger und System auf der anderen Seite betrifft, als interaktive Kommunikation zu bezeichnen, die sowohl auf Sender–, als auch Empfängerseite bestimmte Interaktionsfunktionen voraussetzt.

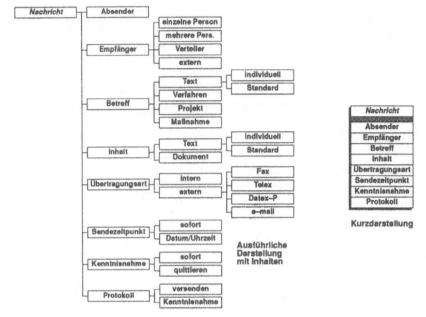

Bild 36:   Darstellungsarten für die Entität "Nachricht"

Die Definition einer zeitgesteuerten regelmäßigen Kommunikation kann sowohl von einem dazu berechtigten Systembenutzer, z.B. zur regelmäßigen Erinnerung an die Abgabe von Abteilungsberichten, als auch z.B. vom Systemadministrator, z.B. zur regelmäßigen oder terminabhängigen Warnung vor dem Abschalten bestimmter Rechner (z.B. für Datensicherung) vorgenommen werden.

Eine zeitgesteuerte geplante Kommunikation kann z.B. dann erfolgen, wenn innerhalb eines Projektes eine Maßnahme mit Verantwortlichem und Durch– bzw. Einführungstermin festgelegt wurde und der entsprechende Mitarbeiter rechtzeitig an seine Aufgabe erinnert werden soll.

Ereignisgesteuert generierte Nachrichten setzen einerseits die Definition (und das tatsächliche Auftreten) eines Ereignisses und andererseits einer entsprechenden zu versendenden Nachricht voraus.

Beispiel:

Im Prüfplan eines (kritischen) Produktes, welches für einen bestimmten (kritischen) Abnehmer produziert wird, ist festgelegt, daß die Freigabe jedes Loses durch den verantwortlichen Meister zu geschehen hat. Damit ist als Ereignis der Zeitpunkt der Beendigung einer Prüfung dieses Loses definiert. Als Nachricht, die sofort zur Kenntnis gebracht werden muß (z.B. durch eine Bildschirmmeldung), ist ein entsprechender Text vordefiniert.

In Bild 36 ist auf der linken Seite der schematische, datentechnische Aufbau einer Nachricht mit möglichen Ausprägungen einzelner Elemente dargestellt. Die Kurzdarstellung auf der rechten Seite zeigt das vereinfachte relationale Datenschema einer Nachricht.

5.5.4 Verwaltung der qualitätsbezogenen Dokumentation

In den Normen DIN ISO 9000 ff. wird zwischen zwei Arten qualitätsbezogener Dokumentation unterschieden:

- Alle Dokumente, die Vorgabeinformationen darstellen (vgl. DIN ISO 9001, 4.5)
  (z.B. Prüfpläne, Arbeits- und Prüfanweisungen, Spezifikationen, Pflichtenhefte)
  und
- Qualitätsaufzeichnungen, welche die Ergebnisse von Verifikationen zum Zwecke des Qualitätsnachweises enthalten (vgl. DIN ISO 9001, 4.16).
  (z.B. Prüfergebnisse und -protokolle, Audit- und Review-Ergebnisse etc.)

Beide Bereiche werden hier als Verwaltung der qualitätsbezogenen Dokumentation bzw. Dokumentenverwaltung behandelt und beinhalten folgende Teilfunktionen:

- Erstellung bzw. Generierung von Dokumenten durch berechtigte Personen,
- Verteilung neuer/geänderter und Zurückziehen ungültiger Dokumente,
- Klassifizierung und Identifikation verschiedener Dokumentarten,
- Statusverfolgung, Versionsverwaltung und Historienmanagement sowie
- Archivierung und Vernichtung

von Dokumenten aller Art.

Die oben genannten Aufgaben des "Document Management" oder auch "Office Management" sind Gegenstand vieler Forschungsaktivitäten u.a. mit den Schwerpunkten

- Multi Media Anwendungen
  (Integration von zeitunabhängigen Medien, wie Text, Grafik, Standbilder und zeitabhängigen Medien, wie Bewegtbilder, Audio, unter Berücksichtigung von Interaktivität und Integration /4/
- Vorgangs- und Transaktionsmanagement
  (Papierlose Vorgansbearbeitung durch Archivierung, neutrale Verwaltung, Klassifizierung und Interpretation von Dokumenten, verbunden mit Wissenszugriffsmechanismen und Aktivitätensteuerung)
- Work Group Computing
  (Bearbeitung von Dokumenten durch mehrere Personen sowie Funktionen zur Teamsteuerung, -kommunikation und -koordination)
- Verteilte Datenhaltung (vgl. 5.2.3)
  (Im Gegensatz zur zentralen Datenhaltung: Speicherung von Informationen auf unterschiedlichen EDV-Systemen an verschiedenen Orten mit der Möglichkeit, jederzeit auf Informationen zugreifen zu können, die nicht lokal vorhanden sind; automatischer Abgleich geänderter Informationen innerhalb des Informationsverbundes)

Gleichwohl existieren auch heute schon einige Systeme, die zumindest Teilaspekte der o.g. Themen effizient abdecken und sich somit für die Integration in ein rechnerunterstütztes Qualitätssicherungssystem anbieten.

Es soll daher an dieser Stelle lediglich eine Teilaufgabe der Dokumentenverwaltung herausgegriffen werden, die nach den Normen DIN ISO 9000 ff. ein zentrales Element des Qualitätssicherungssystems darstellt: Die Erstellung und Verwaltung des Qualitätssicherungshandbuches sowie der unterlagerten Dokumentation, wie Verfahrensanweisungen etc.

Folgende Anforderungen sind an diese Dokumentation zu stellen:
- Vollständige, einheitliche und möglichst redundanzfreie Darstellung der qualitätsbezogenen Aufbau- und Ablauforganisation des Unternehmens, also des Qualitätssicherungssystems.
- Aktualität und eindeutige Kennzeichnung der Dokumentation bezüglich Anwendungsbereich und Gültigkeitszeitraum.
- Zeitaktueller und einfacher Zugriff auf die Dokumentation von allen Stellen, die hierzu berechtigt sind, sowie leichtes Zurechtfinden innerhalb der Dokumentation.
- Eindeutige Definition (und Überwachung) der Zugriffsberechtigung auf die Dokumentation (z.B. Lese-, Druck- und Änderungsrechte).
- Effektiver Änderungsdienst mit Historienverwaltung sowie sicheren Mechanismen zur Ausgabe und zum Einziehen der Dokumente (falls diese in Papierform vorliegen)
- Leichte Pflegbarkeit der Dokumentation sowie Anpaßbarkeit an sich ändernde Rahmenbedingungen.

5.5.4.1 Dokumentationsstruktur

Die Dokumentationsstruktur des Qualitätssicherungssystems ist i.a. abhängig von der Unternehmensgröße und -struktur. Normalerweise gliedert sich die Dokumentation jedoch in drei Ebenen (siehe Bild 37).

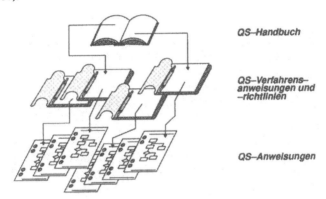

Bild 37: Dokumentationsstruktur eines Qualitätssicherungssystems

Während die oberste Ebene der Dokumentation, das QS-Handbuch, die Qualitätspolitik, die Darstellung der Aufbau- und Ablauforganisation mit den Verantwortlichen und betriebsumfassenden Zusammenhängen sowie Verweise auf untergeordnete Dokumente umfaßt, enthalten QS-Verfahrensanweisungen produktunabhängige Regelungen und QS-Anweisungen produkt- und/oder arbeitsplatzbezogene Informationen.
Hierarchisch von oben nach unten wird in Form von Verweisen auf jeweils speziellere Dokumente bezuggenommen.

Diese hierarchische Ordnung bietet sich grundsätzlich auch für die DV-technische Realisierung an, indem der Benutzer die Möglichkeit hat, sich durch geeignete Mechanismen vom Allgemeineren zum Speziellen vorzuarbeiten.
Eine Realisierungsmöglichkeit hierfür bieten sogenannte Hypertext-Funktionen.
Bestimmte Text- oder Grafikkomponenten innerhalb eines Dokumentes sind z.B. Maus-sensi-

tiv, d.h. sie können mit Hilfe einer Maus angewählt (selektiert) werden, und lösen vordefinierte Aktionen, z.B. das Öffnen eines anderen Dokumentes oder das Springen an eine andere Textstelle, aus.

Die einzelnen Elemente einer umfangreichen Dokumentation sind dazu miteinander 'verzeigert' (ver-'pointert'). Bild 38 zeigt in Anlehung an ein entsprechendes System bei der Firma SUN Microsystems Deutschland GmbH (Kundendienst) schematisch diese Vorgehensweise.

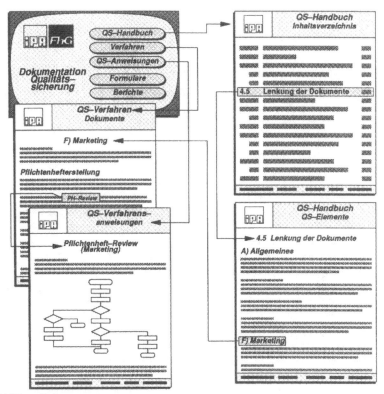

Bild 38: Dokumentationsstruktur mit Hypertext-Funktionen

Innerhalb der Dokumentation wird des öfteren bezuggenommen auf Objekte, wie z.B. Personen, Verfahren, Maßnahmen etc., welche in der QS-Datenstruktur bereits vorhanden sind. In diesen Fällen wird in der Dokumentation lediglich ein Verweis auf das jeweilige Objekt eingetragen, welches bei der Darstellung (Anzeige oder Ausdruck des Dokumentes) durch die aktuell gültige Instanz dieses Objektes ersetzt wird.
Dadurch wird sichergestellt, daß bei organisatorischen Änderungen, z.B. der Änderung einer Verantwortlichkeit, diese direkt in den betroffenen Dokumenten nachgezogen wird.

5.5.4.2 Änderungsdienst und Berechtigungen

Gemäß DIN 6789 ist eine Änderung *"die vereinbarte Festlegung eines neuen anstelle des bisherigen Zusandes"*. Der Änderungsdienst als Methode der Qualitätssicherung beschränkt sich jedoch auf solche Änderungen, welche die Erfüllung von Kunden- und Normenanforderungen betreffen, z.b.

- Aufbau- und Ablauforganisation der Qualitätssicherung (z.B. QS-Handbuch, QS-Verfahrensanweisungen, QS-Pläne etc.),
- vertragliche Vereinbarungen mit Kunden und Lieferanten,
- Entwicklungs- und Konstruktionsunterlagen (Design-Vorgaben),
- Prozeßabläufe, -parameter und -material,
- Aufzeichnungen über Produktions- und Prüfmittel etc.

Die Notwendigkeit für den Änderungsdienst, der in DIN ISO 9004 auch als "Konfigurationsmanagement" bezeichnet wird, ergibt sich aus

- vertraglichen Vereinbarungen,
- den Normen (DIN ISO 9000 ff., EN 29000 ff.),
- dem Produkthaftungsrecht und
- der Haftung des Produzenten für die Lieferung einwandfreier Produkte.

Bei der Änderungs- und Statusverwaltung ist grundsätzlich zu unterscheiden zwischen

- Dokumenten, die lediglich an geeigneten Datenendgeräten (zur Einsicht, zur Betrachtung) abgerufen werden können und solchen,
- die ausgedruckt werden müssen, weil
  - am Verwendungsplatz kein Sichtgerät zur Verfügung steht oder
  - weil in diesem Dokument handschriftlich Eintragungen vorgenommen werden müssen.

Bei der zuerst genannten Dokumentenart werden die Dokumente entweder zentral gehalten, gepflegt und den Nutzern (lesend) zur Verfügung gestellt oder sie werden dezentral (verteilt) gehalten und automatisch abgeglichen, d.h. auf einem einheitlichen Status gehalten.

Bei Dokumenten die ausgedruckt werden und dann in Papierform vorliegen sind weitere Mechanismen notwendig, um sicherzustellen, daß nur aktuelle und gültige Unterlagen verwendet werden. Hier werden Dokumente über das Kommunikationssystem an die im Verteiler aufgeführten Stellen geschickt und die Empfänger müssen, ebenfalls über das Kommunikationssystem, quittieren, daß sie

- das neue Dokument erhalten und
- das alte (ersetzte) Dokument vernichtet haben.

In der Praxis hat sich jedoch beim Einsatz ähnlicher papierbasierter (Quittungen, Unterschriften) Mechanismen gezeigt, daß eine vollkommene Sicherstellung des Änderungsdienstes kaum möglich ist.

Bei der Festlegung einer Berechtigungsstruktur zur Bearbeitung (lesen, ändern, drucken) ist zu beachten, daß Dokumente an verschiedenen Stellen eines Unternehmens erstellt werden. Je nach Art des Dokumentes muß dieses von einer oder mehreren Stellen freigegeben werden, bevor es zum Bestandteil der offiziellen Dokumentation wird.
Diese Berechtigungsstruktur muß laut Forderung der DIN ISO 9001 ebenfalls dokumentiert sein.

Einige Betriebssysteme unterstützen bereits die berechtigungsorientierte Erstellung, Verteilung, Bearbeitung und Deaktivierung von Dokumenten und Dokumentationsstrukturen.

5.5.4.3 Vorgangsverwaltung

Der Vorgangsverwaltung ("Business Flow") kommt in der industriellen Praxis besondere Bedeutung zu. In der Regel ist es so, daß ein Dokument an einer Stelle im Unternehmen angelegt und mit dort vorhandenen Informationen vorausgefüllt wird. Danach geht die weitere Bearbeitung dieses Vorganges in den Verantwortungsbereich einer anderen Stelle über, die auf Basis der bereits vorhandenen Informationen ihre Aufgaben erfüllt, deren Ergebnisse (dies kann auch eine Freigabe sein) ebenfalls im Dokument vermerkt werden.

Um diese Vorgehensweisen zu ermöglichen, sind u.a. folgende Mechanismen notwendig und möglich:

♦ Für jede Dokumentart, die in Vorgänge eingebunden ist, an welchen mehrere Stellen im Unternehmen beteiligt sind, ist der organisatorische Ablauf, d.h. die einzelnen Bearbeitungsstellen, definiert.

♦ Nach dem Anlegen (Erstbearbeitung) eines Dokumentes wird dieses der nächsten bearbeitenden Stelle zur Verfügung gestellt. Dies kann entweder als Dokumentübermittlung über das Kommunikationssystem oder als zentrale/dezentrale Bereitstellung des Dokumentes geschehen.

♦ Die nächste Bearbeitungsstelle erhält via Kommunikationssystem eine Nachricht darüber, daß ein neues Dokument zur Bearbeitung vorliegt. Dies kann explizit über eine Meldung oder implizit durch das Hinzufügen des neuen 'Auftrages' in die Liste offener Bearbeitungsvorgänge geschehen.
Daneben können auch weitere Aktionen angestoßen werden, wie z.B. die Generierung eines neuen Formulars oder die Konvertierung des Dokumentes oder die automatische Übernahme der enthaltenen Informationen in ein weiteres zu bearbeitendes Dokument.

♦ Jede Bearbeitung des Dokumentes wird hinsichtlich Datum und Zeit sowie Bearbeiter und Art der Bearbeitung protokolliert. Dies ist insbesondere bei Freigaben von Bedeutung.

Die Vorgangsverwaltung setzt einerseits ein funktionierendes Kommunikationssystem und andererseits eine effektive Dokumentenverwaltung mit Teilen des oben beschriebenen Work Group Computing voraus.

5.5.5 Projektmanagement

Das Projektmanagement ("PM") ist ein wichtiges Instrument, um Neuerungen jeder Art effektiv und kontrollierbar sowie sach-, termin- und kostengerecht durchzuführen. Grundsätzlich läßt sich innerhalb eines Unternehmens jede Folge zusammenhängender Aktivitäten, welche durch Verantwortliche, Durchführende und Termine bzw. Zeitintervalle gekennzeichnet sind, mit Hilfe von Funktionen des Projektmanagements planen, steuern und überwachen. In vielen Fällen übersteigt zwar der Aufwand für das Projektmanagement den eigentlichen Projektaufwand, jedoch wird diese mögliche Konstellation oft auch nur als Vorwand zur Vermeidung solcher "zusätzlicher" Aktivitäten verwendet.

Projekte, an welchen mehrere Ressourcen (z.B. Personen, Maschinen, Material) über einen längeren Zeitraum hinweg und in mehreren voneinander abhängigen Einzelaktivitäten beteiligt sind, lassen sich jedoch nur mit Hilfe von Projektmanagementfunktionen effektiv durchführen. Dies gilt insbesondere durch die Notwendigkeit immer kürzerer Produktentwicklungszeiten ("Time to Market", TTM), die durch Methoden des "Simultaneous Engineering" bzw. "Concurrent Engineering" erreicht werden sollen. Hier werden die Zusammenhänge und gegenseitigen Abhängigkeiten durch die Parallelisierung von Einzelaktionen meist so komplex, daß entsprechende Methoden zur Planung und Überwachung unverzichtbar werden.

Die vier Hauptabschnitte eines (großen) Projektes sind nach /5/ (vgl. Bild 39) Projektdefinition, Projektplanung, Projektkontrolle und Projektabschluß

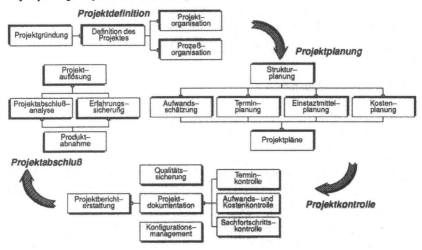

Bild 39: Projektmanagement-Aufgaben im Projektablauf (in Anlehnung an /5/)

Innerhalb eines Unternehmens kommen sicherlich die meisten der genannten Projekttypen und -arten in verschiedenen Projektgrößen vor. Der Methodeneinsatz des Projektmanagements sollte also von den Charakteristika des jeweiligen Projektes abhängig gemacht werden. Für Projekte, die sich für den Einsatz von Methoden und Funktionen des Projektmanagements teilweise oder vollständig eignen (vgl. Bild 40), existieren leistungsfähige PM-Software-Systeme, mit deren Unterstützung alle Phasen eines Projektes effektiv geplant, durchgeführt und überwacht werden können.

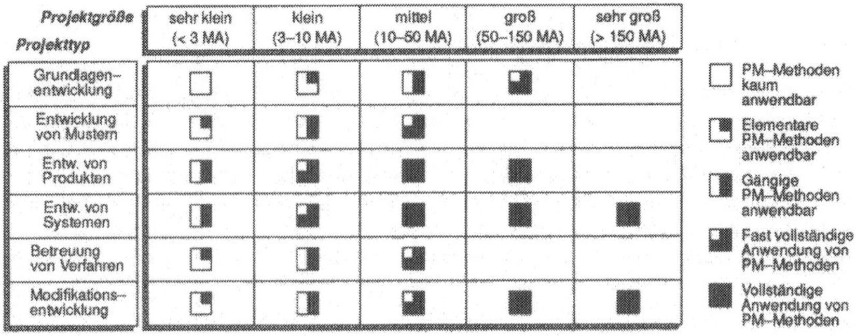

Bild 40: Methodeneinsatz des Projektmanagements (nach /5/)

Es macht daher wenig Sinn, entsprechende Funktionalitäten vollständig in die Software für ein rechnerunterstütztes Qualitätssicherungssystem zu integrieren.
Im Bereich der qualitätssichernden Aufgaben lassen sich jedoch Projekte definieren, die meist wenig komplex sind und z.B. in folgenden Bereichen anstehen:

- Durchführung von Analysen
  (FMEA, QFD, Fehlerbaum- und Störfallablaufanalyse etc.),
- Audits des QS-Systems, von Prozessen und von Produkten,
- Erstellung umfangreicher Dokumentationen verschiedener Art,
- Rationalisierungs- und (Produkt-, Prozeß-)Verbesserungsmaßnahmen,
- Organisationsänderungen,
- groß angelegte Schulungs-, Informations- und Motivationsprogramme etc.

Solche Projekte, die meist zu einem großen Teil in den Verantwortungsbereich der Qualitätssicherung fallen, sind dadurch gekennzeichnet, daß sie vorbereitet (geplant), daß entsprechende Hilfsmittel, Informationen und Unterlagen bereitgestellt, daß Verantwortliche und Durchführende benannt, Termine gesetzt, Teilziele und Ziele definiert und die Durchführung der Maßnahmen überwacht werden müssen.

Besonders in den Situationen, wo aus bestimmten Methoden heraus (z.B. der FMEA) solche Festlegungen getroffen und deren Realisierung überwacht werden müssen, ist es sinnvoll, wenn integrierte PM-Funktionen zur Verfügung stehen.

Die dazu erforderliche Datenstruktur ist in Bild 41 schematisch dargestellt.

Dabei wird die deterministische Entscheidungsnetzplantechnik des Vorgangsknoten-Netzplanes ("MPM"="Metra-Potential-Methode") zugrundegelegt, in welcher Tätigkeiten bzw. Vorgänge (die im übrigen mit den bereits erwähnten "Maßnahmen" identisch sind) als Knoten in einem Netz dargestellt, dessen Verbindungspfeile die Anordnungsbeziehungen zwischen den Vorgängen symbolisieren.

Als Kennzahl für die Vernetzung (Netzdichte) eines Netzplanes wird die Verflechtungszahl υ angegeben: $\upsilon = \dfrac{\text{Anzahl Anordnungsbeziehungen}}{\text{Vorgangsanzahl} - 1}$

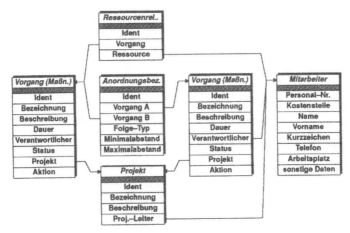

Bild 41: Datenelemente des Projektmanagement

5.5.6 Informationsbereitstellung

Das Informationssystem als zentraler Bestandteil eines Qualitätssicherungssystem muß sich über alle an der Produktentstehung und -nutzung beteiligten Stellen eines Unternehmens erstrekken, um einerseits die Informationen aus diesen Bereichen aufzunehmen und diese andererseits wiederum in allen Bereichen verfügbar zu machen.

In einem rechnerunterstützten Qualitätssicherungssystem, welches sich u.U. über mehrere CA-Systeme erstreckt, müssen an die Aufbereitung und Darstellung von Informationen besondere (Hard-/Software-)technische Anforderungen gestellt werden.

Bild 42 zeigt das Vorgehensschema zur Bereitstellung von Daten/Informationen.

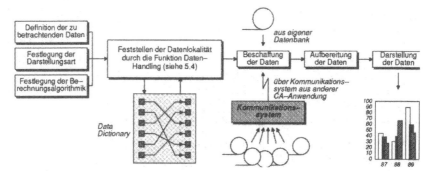

Bild 42: Vorgehensweise bei der Informationsbeschaffung und -darstellung

In diesem Vorgangsschema wird die Funktion Daten-Handling mit dem hinterlegten Data Dictionary verwendet, um die benötigten Daten u.U. über das Kommunikationssystem auch von anderen CA-Systemen, zu 'beschaffen'

Informationsdarstellungen werden für interne (Qualitätslenkung, Auskünfte) oder externe (Qualitätsberichte) Zwecke benötigt und liegen

♦ in Listenform (Textform) oder

♦ als Grafik (Balken-, Kuchen-, Säulendiagramme, Kurven etc.) vor.

Diese Darstellungen können darüber hinaus in Berichte übernommen werden, indem sie dem Berichts- bzw. Reportgenerator (siehe Systemarchitektur, Abschnitt 5.4) übergeben werden.

Generell kann jede Informationsdarstellung als Kombination von Daten unter mathematischen, statistischen oder sonstigen Gesichtspunkten angesehen werden, die dem Benutzer in einer definierten Art dargeboten wird.

Es sind somit drei Dinge zu definieren:

♦ die heranzuziehenden Daten (z.B. Gut-/Schlechtanteile der letzten 20 Lieferungen des Teiles XYZ der Lieferanten A, B, C, D),

♦ die Berechnungsart (z.B. Summe der Gutanteile, dividiert durch Gesamtteileanzahl des Lieferanten, multipliziert mit 100) und

♦ die Darstellungsart (z.B. Balkendiagramm senkrecht)

Innerhalb des rechnerunterstützten Qualitätssicherungssystems erhält der Benutzer also die Möglichkeit, sich mit Hilfe entsprechender Funktionen jede gewünschte Darstellung von Informationen zu definieren. Allgemeine Funktionen, wie prozentuale Berechnungen oder die Darstellung eines Balkendiagrammes, sind innerhalb der Systemarchitektur in den sogenannten "Globalfunktionen" (siehe 5.4) enthalten.

Dieselben Funktionen werden auch für die Definition von Darstellungsarten verwendet, die bereits als Standardfunktionalität vorhanden sind, wie z.b. Qualitätsregelkarten, ABC- oder Paretoanalysen bei der FMEA, Listen offener Prüfaufträge bei der Prüfdurchführung etc.

Das Grundkonzept des beschriebenen Informationssystems besteht in der strikten Trennung von

- Datenbereitstellung (über Systemgrenzen hinweg),
- Verarbeitung der Daten (Berechnungen) und
- Darstellung der Ergebnisse (Listen, Grafiken etc.).

Unter der Voraussetzung, daß die datenliefernden Systeme datentechnisch miteinander vernetzt sind und entsprechende 'Anfragen' beantworten können (vgl. Bild 30, "Datenzugriff"), hat der Benutzer (virtuellen) Zugriff auf alle im Unternehmen vorhandenen Daten, auf die er zugriffsberechtigt ist.

5.5.7 Fehlermanagement

Das Fehlermanagement betrifft alle Bereiche innerhalb der Produktentstehung und -nutzung, in denen (potentielle) Fehler offenkundig werden können, so daß die Anwender des Fehlermanagements im organisatorischen Umfeld aller betrieblichen Bereiche zu finden sind.
Fehler werden im Vorfeld und nach ihrem Auftreten im wesentlichen in folgenden Bereichen erkannt:

- Anwendung präventiver Qualitätssicherungsmethoden (QFD, FMEA, Fehlerbaum-, Störfallablaufanalyse),
- Qualitäts- und Prüfplanung,
- (Qualitäts-)Prüfungen und Tests (Versuche) und
- Reklamationsbearbeitung.

Nicht nur steigende Ansprüche der Kunden an die Qualität des Produktes, sondern auch verschärfte gesetzliche Bestimmungen bezüglich der Produkthaftung machen ein detailliertes Fehlermanagement unverzichtbar. Die Durchlaufzeit eines Produktes zwischen Auftragseingang und Auslieferung bzw. zwischen Produktidee und Produktion erfordert klare innerbetriebliche Abläufe und bereichsübergreifende Zusammenarbeit.

Die alles macht – nicht zuletzt aus Kostengründen – nicht nur eine sichere Fehlerentdeckung, sondern vielmehr das Wissen um potentielle Fehler, deren Ursachen, deren Auswirkungen und deren potentielle Auftretenszeitpunkte und -orte notwendig.

Eigentlich stellt der Fehler bei entsprechender Definition den Kontrapunkt der gesamten Qualitätssicherung dar, den es einerseits durch präventive Maßnahmen und andererseits durch die Überprüfung der Wirksamkeit dieser Maßnahmen durch Kontrollen am Produkt und an den Prozessen zu eliminieren bzw. minimieren gilt.

Voraussetzungen hierfür sind nach /93/:

- Spezifizierte Produkte, Prozesse und Verfahren,
- definierte Qualitätsanforderungen,
- ein definierter Fehlermerkmalskatalog,
- festgelegte Überprüfungskriterien,
- kontinuierliche Produkt-, Prozeß- und Verfahrensaudits,
- abgestimmte Regelkreise und
- ein adäquates EDV-System zur vernetzten, bereichsübergreifenden Erfassung, Speicherung und Auswertung von Fehlerdaten

mit den Zielen:

- ♦ Schaffung von Transparenz bezüglich des Fehleraufkommens (Ausprägungen, Schwerpunkte, Ursachen) sowie der dadurch entstehenden Kosten,
- ♦ Identifikation und Elimination der Fehlerursachen (nicht der Symptome!) und dadurch Verringerung der Kosten durch kontinuierliche Qualitätsverbesserungsmaßnahmen an Produkten, Prozessen und Verfahren,
- ♦ Standardisierung von Vorgehensweisen in Fehlerfällen zur Analyse und Abstellung des Fehlers und zur Verhinderung des wiederholten Auftretens durch Schaffung und Bereitstellung von Erfahrungswissen.

Der Fehlerbearbeitungsprozeß vollzieht sich in folgenden Schritten (siehe Bild 43):

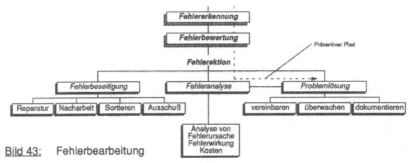

Bild 43: Fehlerbearbeitung

Die *Fehlererkennung* erfolgt entweder durch Entdeckung nach Auftreten des Fehlers oder im Rahmen präventiver Maßnahmen durch Definition eines potentiellen Fehlers.
Voraussetzung für die systematische Fehlerentdeckung sind festgelegte Prüfstufen (an Produkten, Prozessen und Verfahren), die durch Prüfanweisungen dokumentiert sind
(-> Prüfplanung, 5.5.12).

Die Erkennung potentieller Fehler im Vorfeld, die der Entdeckung in jedem Fall vorzuziehen ist, geschieht durch interdisziplinäre, präventiv angewandte (Kreativitäts-)Methoden, wie Quality Function Deployment oder Fehlermöglichkeits- und -einflußanalyse (-> Methoden des Quality Engineering, 5.5.11), und hat zum Ziel, solche Fehler durch geeignete Maßnahmen

- ♦ zu vermeiden, und wenn dies nicht zuverlässig möglich ist,
- ♦ ihre Auswirkung zu begrenzen (z.B. bei sicherheitskritischen Komponenten) oder
- ♦ ihre Entdeckungswahrscheinlichkeit zu erhöhen.

Im Rahmen der *Fehlerbewertung* wird die organisatorische Vorgehensweise hinsichtlich der weiteren Behandlung des (potentiellen) Fehlers festgelegt.
Bei aufgetretenen (entdeckten) Fehlern muß nach DIN ISO 9001, Abschnitt 4.13, die *"Lenkung fehlerhafter Produkte"*, also die weitere Verwendung definiert werden. Diese Festlegungen sind im Qualitätssicherungshandbuch bzw. in zugehörigen Verfahrensanweisungen dokumentiert.

Bei der präventiven Behandlung von Fehlern gehen die Phasen Fehlerbewertung und Fehleranalyse ineinander über, indem der Fehler einem Produkt, Prozeß oder Verfahren zugeordnet, hinsichtlich Ursachen, Wirkungen, Auftretens- und Entdeckungswahrscheinlichkeit analysiert und im Rahmen der *Problemlösung* mit geeigneten Maßnahmen versehen wird.

Die *Problemlösung* besteht aus folgenden Maßnahmen, die u.a. im Abschnitt 4.14 ("Korrekturmaßnahmen") der DIN ISO 9001 gefordert werden:

- Erarbeitung von Lösungen zur Abstellung eines festgestellten Fehlers,
- Festlegung von Maßnahmen zur Fehlerabschirmung, zur Ursachenbekämpfung und zur Vermeidung sowie
- Bereinigungsaktionen bei bereits verbreiteten Produkten und im Einsatz befindlichen Prozessen und Verfahren.

Diese Maßnahmen müssen dokumentiert und bzüglich Verantwortlichkeiten und Durchführungsterminen definiert und überwacht werden (–> Projektmanagement, 5.5.5).

Jeder Fehler ist zwar mit Zusatzaufwand und damit mit Kosten verbunden, er stellt jedoch gleichzeitig einen Zuwachs an Wissen und Erfahrung für die Zukunft und die Basis für die Qualitätslenkung dar. Da im Vorfeld erkannte potentielle Fehler und deren spätere Vermeidung in bezug auf Kosten und Image i.a. günstiger sind als (nachträglich) entdeckte, sollten primär präventive Maßnahmen angewendet werden, um diesen Wissens- und Erfahrungs'schatz' zu bereichern.
Um dieses Potential nutzen zu können, ist die systematische Erfassung, Klassifizierung und Auswertung von Fehlern unerläßlich.

Bezüglich ihres Entdeckungs- bzw. Erkennungszeitpunktes kann man drei Arten von Fehlern unterscheiden:

- Fehler, die bei der Durchführung präventiver Methoden als potentielle Fehler erkannt werden,
- Fehler, die während der Herstellung des Produktes, z.B. im Rahmen von Prüfungen, entdeckt (und beseitigt) werden und somit nicht zum Kunden gelangen sowie
- Fehler, die erst in der Nutzungsphase des Produktes auftreten und z.B. durch Reklamationen oder im Rahmen des Kundendienstes offenkundig werden.

Diese drei Arten von Fehlern, die bezüglich ihres tatsächlichen Auftretenszeitpunktes (der Ursache) nicht eindeutig gegeneinander abgegrenzt werden können, stehen untereinander sowie hinsichtlich der betroffenen innerbetrieblichen Bereiche und der angewendeten Methoden und Verfahren in enger Verbindung (siehe Bild 44).

Wie in Bild 44 angedeutet, können in jeder Phase des Produktlebenszyklus' Fehler erkannt und Fehler entdeckt werden. Diesem Umstand muß ein rechnerunterstütztes Qualitätssicherungssystem durch seine Funktionalität Rechnung tragen.

Im wesentlichen geschieht dies durch Funktionen

- zur Erfassung von Fehlern, sowohl implizit im Rahmen präventiver Methoden, als auch explizit bei tatsächlich aufgetretenen und entdeckten Fehlern,
- zur Klassifikation und Identifikation von Fehlern z.B. nach Zeitpunkt, Ort, Gegenstand des Auftretens sowie der Entdeckung, Fehlerursachen, -wirkungen und -symptome, Verursacher, Kosten etc.,
- zur Auswertung der Fehler nach verschiedenen Gesichtspunkten, wie Fehlerhäufungen pro Maschine, Werker, Material, Produkt/Teil, Zeitintervall etc., Wiederholungen derselben Fehler, Kosten zur Behebung, Fehlerklassen, Lieferanten etc.,
- zur Bereitstellung des vorhandenen Wissens über Fehler, deren Ursachen und über geeignete Vermeidungs- und Entdeckungsmaßnahmen an den Stellen und innerhalb der Methoden und Verfahren, wo solche Informationen benötigt werden.

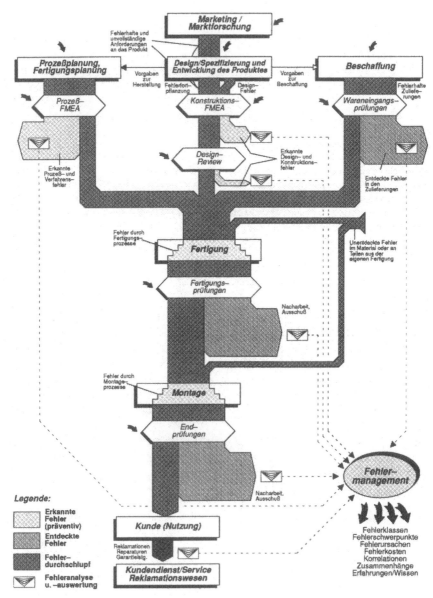

Bild 44: Fehlerentstehung und Fehlerdurchschlupf

Der vollständig systematischen EDV-technischen Erfassung und Verarbeitung von Fehlern sind allerdings gewisse Grenzen gesetzt, die aus folgenden Umständen resultieren:

- 115 -

♦ Die Definition eines Fehlers ist schwierig: Ein Fehler kann u.a.
  - ein geometrisches Maß, eine elektrische oder mechanische Größe, die Beschaffenheit einer Oberfläche usw. sein, das/die nicht die vorgeschriebene Ausprägung besitzt,
  - eine fehlende, falsche oder überflüssige Komponente sein,
  - die Nichterfüllung oder Beeinträchtigung einer geforderten Eigenschaft oder Funktion bzw. eine nicht geforderte aber vorhandene Eigenschaft/Funktion.

♦ Fehler werden in den meisten Fällen von Menschen beurteilt, die je nach Aufgaben– und Tätigkeitsumfeld verschiedene subjektive Sichtweisen verkörpern.

♦ Je nach Behandlungsumfeld eines Fehlers ist die Sichtweise unterschiedlich, was dazu führt, daß derselbe Fehler unter verschiedenen Blickwinkeln betrachtet z.B. bezüglich Ursachen und Wirkung völlig unterschiedlich beschrieben wird, so daß der Eindruck entsteht, es handle sich um zwei Fehler. EDV–technisch bedeutet dies, daß statt einem nun zwei Fehler erfaßt wurden, zwischen welchen keine Verbindung besteht.

♦ Sowohl Ursachen– als auch Wirkungsanalysen führen je nach Betrachtungsebene bzw. Detaillierungsgrad normalerweise zu völlig unterschiedlichen Ergebnissen, die nur schwer zu harmonisieren sind.

♦ Fehler, deren Ursachen und Wirkungen sind i.a. nur verbal beschreibbar, was eine EDV–technische Behandlung erschwert oder sogar unmöglich macht. Abhilfe können hier Fehlerschlüssel leisten, die jedoch meist entweder zu wenig detailliert, um den Sachverhalt vollständig zu beschreiben, oder zu kompliziert und damit schlecht handhabbar sind.

♦ Ursache–Wirkungsketten können nur so vollständig sein, wie die Einzelsachverhalte (durch den Menschen) erfaßt und beschrieben sind. Auswertungen können nur auf eindeutig beschriebenen Zusammenhängen basieren und sind damit ebenfalls nur beschränkt aussagefähig.

♦ Ursachen, Fehler und Wirkungen können oft nicht exakt gegeneinander abgegrenzt werden, da dies normalerweise von der Betrachtungsebene und vom Betrachtungsgegenstand abhängt. Bei der Erstellung einer FMEA wird dies sehr deutlich (vgl. Bild 8, S. 35).

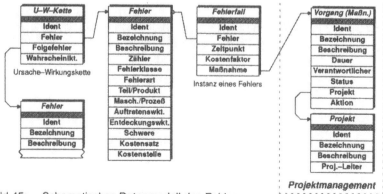

Bild 45: Schematisches Datenmodell des Fehlermanagements mit Verbindung zum Projektmanagement

Eine pragmatische Lösung dieser Probleme besteht zunächst darin, daß Fehler so genau, wie im Einzelfall möglich, durch eindeutige und EDV–technisch auswertbare (optionale) Informationen beschrieben und durch verbale Beschreibungen ergänzt werden. Der Zugriff auf die Fehlerinformationen wird dann durch leistungsfähige, der jeweiligen Aufgabenstellung angepaßte, Selektionsmechanismen realisiert.

Bild 45 zeigt das stark schematische Datenmodell des Fehlers und seiner Zusammenhänge. Ursache-Wirkungsketten werden dabei durch eine eigenständige Relation repräsentiert, in welcher die zusammengehörigen Fehler miteinander gekoppelt werden. Dies setzt allerdings die Annahme voraus, daß nahezu jede Ursache und jede Fehlerwirkung wiederum als Fehler mit eigenen Ursachen und Wirkungen angesehen werden kann. Jede Ursache-Wirkungskette läßt sich z.b. in Richtung der Ursachen beliebig bis ins Unendliche fortsetzen, so daß man aus praktischen Gründen gezwungen ist, an einer bestimmten Stelle der Kette abzubrechen und z.b. die letzte erkannte Ursache als aufgetretener Fehler der vorhergehenden Abstraktionsebene anzusehen.

5.5.8 Lieferantenmanagement

Nach dem Kunden ist der Zulieferer (Lieferant) der zweitwichtigste Partner eines Unternehmens. In letzter Zeit oft gehörte Schlagworte, wie "Lean Production" oder "Make or Buy", zeigen, daß die Tendenz in Richtung abnehmender eigener Fertigungstiefe geht, wodurch automatisch die Anzahl der Zulieferer und/oder die Intensität der Zusammenarbeit mit Zulieferen steigen muß.

Das Geschäftsverhältnis zwischen Zulieferer und Abnehmer ist im wesentlichen durch drei Größen geprägt:

- Die Qualität der zugelieferten Ware,
- die Termin- und Liefertreue des Zulieferers
  (dies ist bei der Realisierung neuer Logistikkonzepte, wie "Just-in-Time" oder "Ship-to-Stock" von besonderer Bedeutung) und
- der Preisgestaltung des Zulieferers.

Diese drei Faktoren sind auch genau die Größen, nach welchen Zulieferer ausgewählt (Lieferantenbeurteilung) und dann kontinuierlich bewertet werden.

Es gibt jedoch weitere Beurteilungsmerkmale, die vor allem bei der Auswahl eines neuen Lieferanten oder bei einem Wechsel des Lieferanten von ausschlaggebender Bedeutung sein können. Um dieses Vorgehen zu systematisieren, bietet sich ein rechnerunterstützbares Verfahren an, das – ähnlich der Wertanalyse – durch die Bewertung und Gewichtung von Einzelfaktoren zu einer objektiven Beurteilung führt.
Ein Beispiel für ein solches Formblatt bzw. eine Bildschirmmaske zeigt Bild 46.

Während sich die Lieferantenbeurteilung auf mehr oder minder subjektive Informationen und Einschätzungen stützt, basiert die Lieferantenbewertung auf objektiven Daten, die aus bisherigen Lieferungen resultieren, wie z.B. (nach)

- Qualitätskennzahl (/85/: $\dfrac{\text{Zahl der unbestandenen Lieferungen}}{\text{Gesamtanzahl der Lieferungen}}$

- Terminkennzahl (/85/: $\dfrac{a + 2b + 3c}{\text{Gesamtzahl der Lieferungen}}$,

  wobei a, b die Anzahlen der um maximal eine bzw. zwei Wochen und c die Anzahl der um mehr als zwei Wochen verspäteten Lieferungen bedeuten.

- (Normierte) Ergebnisse von Lieferantenaudits.

Qualitätsniveau	Gewichtung	Lieferant A	Lieferant B	Lieferant C	Lieferant D	Durchschnitt
Musterteile	6	3	5	9 ▲		5,7 / 34,0
QS-Systemaudit	8	—	7 ▲	6		6,5 / 52,0
Zertifikat	3	1	5	10		5,3 / 16,0
Maschinen/Ausrüstung	6	10 ▲	—	8		9,0 / 54,0
Ausgangsprüfung	3	4	8 ▲	3		5,0 / 15,0
Konditionen						
Preisgestaltung	9	8	10 ▲	9		9,0 / 81,0
Kapazität	4	5 ▲	2	7 ▲		4,7 / 18,7
Lieferbedingungen	2	5	5	5		5,0 / 10,0
Vergleichspreis		DM 1,28	DM 1,17	DM 1,24		DM 1,23
Zusammenarbeit						
Erfahrungen	2	7	6	10 ▲		7,7 / 15,3
Know-How	6	10 ▲	6	9		8,3 / 48,0
Kundendienst	1	5	4	6 ▲		5,0 / 5,0
Termintreue	10	8	10 ▲	9		9,0 / 90,0
Zuverlässigkeit	10	3	5	9 ▲		5,7 / 56,7
Unternehmen						
Ruf/Image	4	5	4	6 ▲		3,0 / 12,0
Finanzkraft/Liquidität	1	5	6	9 ▲		6,7 / 6,7
Verbundene Unternehmen	1	10 ▲	1	1		4,0 / 4,0
Zulieferer von Mitbewerbern	1	1	10	10 ▲		7,0 / 7,0
Sonstiges						
Geographische Lage	2	10 ▲	5	4		6,3 / 12,7
Gegenseitigkeitsgeschäft	1	1	1	1		1,0 / 1,0
Ehemaliger Zulieferer	5	1	5	8 ▲		4,7 / 23,3
Zulieferer anderer Produkte	9	1	1	1		1,0 / 9,0
Gesamtpunktezahl		103	105	140		118,3
Gewichtet		455	507	670 ▲		571,0
Preiskennzahl		0,814	1,0	0,944		
Favorit						

Bild 46: Verfahren zur Lieferantenbeurteilung

Die kontinuierliche Lieferantenbewertung dient zum einen der Einstufung der Lieferanten, z.B. als A–, B– oder C–Lieferant, und damit als Basis für die temporäre Entscheidung für einen von mehreren Lieferanten desselben Teiles (Freigabe / Sperrung) oder auch für einen Lieferantenwechsel. Andererseits wird die Lieferantenbewertung durchgeführt, um die Intensität (Prüfschärfe, Prüfniveau, vgl. 5.5.12, 5.5.13) der eigenen Wareneingangsprüfungen kontinuierlich an die aktuelle Qualitätslage des Lieferanten bzw. an die jeweilige Qualitätslage verschiedener Lieferanten anzupassen, um so den erforderlichen Prüfaufwand zu optimieren ("Dynamisierung", vgl. Bild 47).

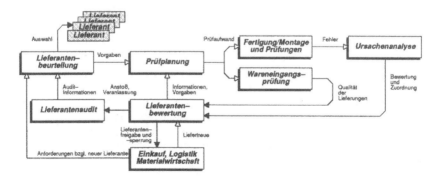

Bild 47: Regelkreise 'Lieferantenbeurteilung' und 'Lieferantenbewertung'

Im Bereich des Lieferantenmanagements ist eine enge Zusammenarbeit zwischen den CA-Systemen des Beschaffungswesens, der Fertigungsplanung und -steuerung, des Rechnungswesens und der Qualitätssicherung notwendig.
In Bild 48 sind diese Zusammenhänge schematisch dargestellt.

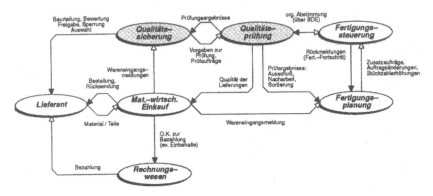

Bild 48: CA-Systeme in Lieferantenmanagement und Beschaffung

Der besondere Nutzen der Rechnerunterstützung im Lieferantenmanagement liegt zum einen in der langfristigen Sammlung und Auswertung von Daten über Lieferungen und Lieferanten und zum anderen in der Kommunikation mit anderen CA-Bereichen.

5.5.9 Interne Audits

Die Rechnerunterstützung interner Audits bezieht sich auf Planung, Durchführung und Auswertung solcher System-, Prozeß- und Produktaudits. Während Systemaudits regelmäßig durchgeführt werden sollten, resultieren Produkt- und Prozeßaudits meist aus festgestellten Fehlerhäufungen oder der Definition besonderer Risiken bei Prozessen oder Produkten.

Die Planung eines Audits besteht aus

- der Festlegung betroffener Bereiche bzw. der Auswahl zu betrachtender Prozesse oder Produkte,
- der zeitlichen Planung des Audits,
- der Zusammenstellung benötigter Unterlagen,
- der Benachrichtigung betroffener und verantwortlicher Personen und
- der Vorbereitung von Audit-Unterlagen (z.B. Checklisten, Formulare etc.)

und kann mit Hilfe der Projektmanagementfunktionen koordiniert werden.
Die Benachrichtigung von Personen geschieht über das Kommunikationssystem, nachdem entsprechend qualifizierte Durchführende anhand geeigneter Funktionen des Personalmanagements (z.B. Schulungsnachweise) ermittelt und festgelegt wurden.

Die Durchführung des Audits besteht im wesentlichen in der Beantwortung festgelegter Fragen bzw. im Abarbeiten von Checklisten. Beide werden vom Audit-System bereitgestellt und können, z.B. auf einem tragbaren Rechner, während der Durchführung bearbeitet werden.

Anhand erreichbarer und erreichter Punktzahlen (nach einem festzulegenden Punkteschema) wird nach dem Audit automatisch eine Auswertung mit zugehörigem Bericht erstellt, der archiviert wird und somit weiterhin zur Verfügung steht.

Die Abstellung festgestellter Mängel wird dann wiederum bezüglich Terminen und Verantwortlichkeiten mit Hilfe des Projektmanagements koordiniert.

Die genannten Funktionselemente lassen sich ebenfalls auf externe Audits, also z.B. Lieferantenaudits, anwenden.

5.5.10 Prüfmittelüberwachung und -verwaltung

Neben den Forderungen der DIN ISO 9001 (Abschnitt 4.11) zwingen auch das Produkthaftungsgesetz (Haftungsvermeidung und Entlastungsbeweis), das Eichgesetz, das Gesetz über technische Arbeitsmittel sowie vertragliche Vereinbarungen mit Abnehmern (Nachweis- und Dokumentationspflicht) zu einer vollständigen Erfassung, Verwaltung und Überwachung aller im Unternehmen verwendeter Meß- und Prüfmittel.

Bei der heute in Unternehmen vorhandenen Anzahl von Prüfmitteln sind deren Verwaltung und Überwachung nicht mehr sinnvoll ohne eine Rechnerunterstützung zu bewerkstelligen. Das rechnerunterstützte Qualitätssicherungssystem beinhaltet hierfür folgende Funktionen:

- ♦ Verwaltung: Registrierung, Kennzeichnung und Dokumentation neuer Prüfmittel,
- ♦ Planung und Durchführung regelmäßiger und termingerechter Überwachungsprüfungen sowie Optimierung der Überwachungsintervalle,
- ♦ Dokumentation der Prüfmittelhistorie sowie Aufbereitung der Informationen über Qualität, Zuverlässigkeit und Eignung der Prüfmittel,
- ♦ Unterstützung bei der Planung und Neubeschaffung sowie der Ersatzbeschaffung von Prüfmitteln und
- ♦ Unterstützung bei der Prüfmitteleinsatzplanung.

Die Beispiele in den Abschnitten 5.5.1.1 und 5.5.1.2 (ab S. 95) beschreiben das Prinzip der Planung regelmäßiger und nutzungsabhängiger Überprüfung von Prüfmitteln mit Hilfe der Zeit- und Ereignissteuerung.

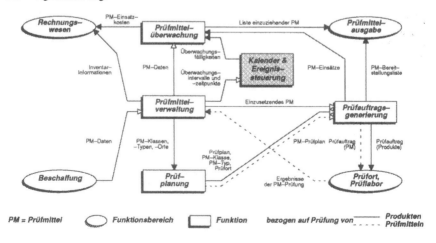

Bild 49: Funktionale Zusammenhänge von PM-Überwachung und -verwaltung

Prüfmittel werden in Prüfmittelklassen und -unterklassen eingeteilt, deren Identifikationsmerkmale die Meßgröße (z.b. Abstand/Distanz, Radius, Volumen, Rundheit, Härte etc.) sowie der Meßbereich sind. In der Prüfplanung werden dem Planer dann automatisch lediglich diejenigen Prüfmittel zur Auswahl gestellt, die für das zu messende Merkmal geeignet sind.
Da in vielen Unternehmen Prüfmittel bestimmten Prüforten (z.B. Maschine, Prüfplatz, Labor) zugeordnet sind, da sie dort entweder fest installiert (z.b. Spektrometer) oder dorthin dauerhaft ausgeliehen sind, wird nach Angabe des Prüfmerkmals und des Prüfortes nach Möglichkeit bereits das dort vorhandene Prüfmittel vorgeschlagen. Die übrigen Zusammenhänge der Prüfmittelüberwachung und -verwaltung sind in Bild 49 dargestellt.

5.5.11 Methoden des Quality Engineering

In Abschnitt 3.1 wurden bereits die wichtigsten Methoden des Quality Engineering bezüglich der Möglichkeiten ihrer Rechnerunterstützung beschrieben. Bild 50 zeigt zunächst die generelle Einordnung dieser Methoden in den Produktentstehungsprozeß.

Qualität kann nur durch Qualitätsbeherrschung erzielt und verbessert werden /79/, weshalb den präventiven, und hier vor allem den analytischen, Maßnahmen zur Sicherstellung von Qualität und Zuverlässigkeit eine besondere Rolle zukommt.
Diese können jedoch nur dann greifen, wenn sie

♦ aufbauend ziel- und problemangepaßt sowie aufeinander zugeschnitten sind /10/,
♦ gemeinsame Informationen im Sinne eines Know-How-Speichers nutzen und auch auf reale Daten, wie Prüfergebnisse (z.b. SPC) und Felddaten zurückgreifen können
♦ dieses Wissen im Verlaufe der Anwendung ergänzen und vervollständigen,
♦ durch geeignete Bewertungstechniken zu objektivierbaren Ergebnissen führen und durch Kooperation trotz Aufgabenteilung gemeinsame Ziele erreichbar machen /28/,
♦ das Fundament für Denken in Zusammenhängen darstellen /79/,
♦ die Ableitung von Merkmalen oder Einflußfaktoren für andere Methoden erlauben,
♦ die Wiederverwendung bereits erarbeiteter Informationen und Inhalte ermöglichen und
♦ die Realisierung von Regelkreisen zwischen den einzelnen Phasen der Produktentstehung unterstützen.

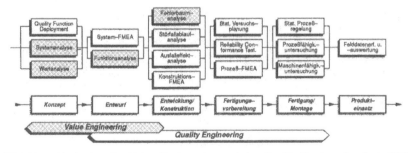

Bild 50: Methoden des Value Engineering und des Quality Engineering (vgl. /28/)

Ziel ist es nun, die wichtigsten dieser Methoden funktional und informationstechnisch rechnerunterstützt in ein normenkonformes Qualitätssicherungssystem zu integrieren, wie in Bild 51 angedeutet. Dies beinhaltet sowohl die produktphasenbezogene Bereitstellung geeigneter Methoden, als auch die datentechnische Verknüpfung in Form von Regelkreisen und die Bereitstellung von (Methoden-)Eingangsinformationen.

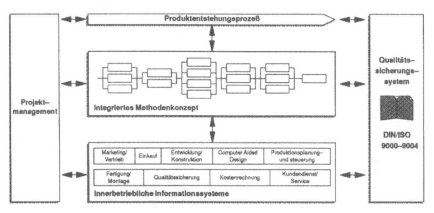

Bild 51: Integriertes Methodenkonzept im Qualitätssicherungssystem

Diesem Ziel stehen jedoch einige Hemmnisse entgegen.
Zunächst unterscheiden sich die einzelnen Methoden und Verfahren sehr stark bzgl.

- der zeitlichen Anwendung innerhalb der Produktentstehung (z.B. sequentielle oder parallele Anwendung im Hinblick auf gemeinsame Informationsnutzung),
- der durchführenden Stelle innerhalb des Unternehmens sowie der sinnvollerweise beteiligten Bereiche,
- der Charakteristika der Durchführung (z.B. Teamorientierung, Interdisziplinarität, mögliche Rechnerunterstützung)
- der Korrelation mit Funktionen und Tätigkeiten außerhalb der Qualitätssicherung (z.B. Vertrieb/Marketing, Arbeitsplanung, Arbeitsvorbereitung),
- Art und (relativer) Häufigkeit der Durchführung sowie
- Zeit- und Personalintensität.

Desweiteren liegen verwendete und entstehende Informationen vieler Methoden und Verfahren in (EDV-technisch) unformalisierter (z.B. Text-, Prosa-) Form vor.
Daraus ergeben sich in vielen Fällen folgende Nachteile:

- Eingangs- und Ausgangsinformationen sind nicht vergleichbar (Ausdrucksweise, Detaillierungsgrad, Betrachtungsweise, Kontext etc. sind verfasserspezifisch unterschiedlich).
- Informationen können nicht durch verschiedene Methoden und Verfahren gemeinsam verwendet oder ergänzt werden.
- Existierende und verwendbare Eingangsinformationen werden aufgrund ihres abweichenden Ursprungskontextes nicht als solche erkannt.
- Informationen gleichen semantischen Inhaltes werden als solche nicht erkannt.
- Informationen liegen mehrfach und redundant vor. Eindeutige Rückführung auf einen zugrundeliegenden identischen Sachverhalt sowie auf verschiedene potentielle Ursachen sind damit nicht möglich.
- Bewertungen sind ebenso subjektiv, wie die Informationen, auf welchen sie beruhen.

- 122 -

- Effektiv und verteilt nutzbare Wissensbasen können nicht aufgebaut werden.
- Eine EDV-technische Verarbeitung ist nicht oder nur sehr eingeschränkt möglich.
- Objektive und aussagekräftige Auswertungen nach Fehlern, Fehlerschwerpunkten, Ursachenkonzentrationen etc. sind nicht möglich.

Der gewählte Ausweg besteht darin, (freie) verbale Formulierungen (z.B. für Fehler, Ursachen, Wirkungen etc.) soweit als möglich zu vermeiden, indem einmal eingegebene Informationen jederzeit und von jeder Methode aus wiederverwendet werden können und sollen.

Beispiel: (vgl. 3.1.2)

Bei der Erstellung von FMEA's hat sich gezeigt, daß sowohl Fehler, als auch Ursachen und Wirkungen immer wieder in unterschiedlichen Zusammenhängen auftreten bzw. als solche identifiziert werden. Normalerweise würde z.b. ein Fehler bei jeder erstellten FMEA aufs neue formuliert. Dabei ist es sehr wahrscheinlich, daß alle Formulierungen unterschiedlich ausfallen, obwohl sie denselben Sachverhalt beschreiben (z.B. "Schraube nicht voll eingedreht.", "Schraube locker.", "Schraube sitzt locker", Schraube wackelt.", "Schraube hat Spiel." usw.).
Um diese Formulierungsvielfalt und die daraus resultierende fehlende (EDV-technische) Vergleichbarkeit zu vermeiden, wird der Sachverhalt (z.B, "Schraube nicht voll eingedreht.") beim ersten Auftreten (in diesem Fall zusammen mit eventuellen Ursachen und Wirkungen) in einer Datenbank abgelegt. Beim nächsten Auftreten eines solchen Fehlers wird dieser dann nicht erneut formuliert und eingegeben, sondern (bereits zusammen mit Ursachen und Wirkungen) aus der Datenbank geholt.

Das im obigen Beispiel skizzierte Vorgehen hat meherere Vorteile /71/:

- Sachverhalte (z.B. Fehler, Ursachen, Wirkungen etc.) und die damit verbundenen Informationen werden vergleichbar und nach verschiedensten Kriterien auswertbar.
- Der Schreibaufwand reduziert sich durch Übernahme von Informationen aus der Datenbank.
- Es wird nachvollziehbar, an welchen Stellen (z.B. in welchen FMEA's, bei welchen Prozessen oder Produkten etc.) derselbe Sachverhalt aufgetreten ist.
Änderungen können so ebenfalls global durchgeführt werden.
- Es ist möglich, auf vorhandenes Wissen zurückzugreifen oder sich zumindest daran zu orientieren.
- Eine redundante Speicherung von Informationen wird weitgehend vermieden.

Voraussetzung für diese Vorgehensweise ist eine klare Datenstruktur, die das Auffinden und den Rückgriff auf Informationen begünstigt bzw. unterstützt.
Da Menschen i.a. nicht 'relational' denken, empfiehlt sich in bezug auf die Benutzeroberfläche die funktionale Überführung der relationalen Datenstruktur in die Kombination mehrerer (virtueller) Baumstrukturen.

Die Rechnerunterstützung von Methoden des Quality Engineering besteht

- aus der Bereitstellung methodenunterstützender Funktionalität,
- der Bereitstellung methodenunterstützender Informationen und Daten sowie
- der methodenübergreifenden Datenhaltung.

Bild 52 zeigt schematisch die funktional/informationstechnischen Zusammenhänge der betrachteten Methoden.

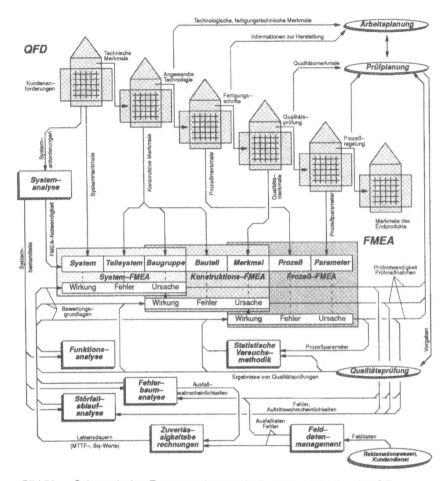

Bild 52: Schematischer Zusammenhang zwischen den Methoden des QE

Die EDV-technische Implementierung solcher Methoden reicht von der einfachen Unterstützung durch einen Text-Editor bis zum komfortablen, teilweise sogar 'wissensbasierten' /71/, System. Besonders bei der Bereitstellung der Methoden des Quality Engineering, die meist eine graphische Oberfläche benötigen, ist die Verfügbarkeit der Funktion von der Hardware-Ausstattung des Arbeitsplatzes abhängig.

5.5.12 Qualitäts- und Prüfplanung

Nach DIN 55 350 Teil 11 ist Qualitätsplanung das *"Auswählen, Klassifizieren und Gewichten der Qualitätsmerkmale sowie schrittweises Konkretisieren aller Einzelforderungen an die Beschaffenheit zu Realisierungsspezifikationen, und zwar im Hinblick auf die durch den Zweck der Einheit gegebenen Erfordernisse, auf das Anspruchsniveau und unter Berücksichtigung der Realisierungsmöglichkeiten."*

Prüfplanung ist nach derselben Norm *"die Planung der Qualitätsprüfung(en)"* und ist nicht Bestandteil der Qualitätsplanung, sondern schließt sich an diese an, indem festgelegt wird, daß bestimmte Qualitätsmerkmale aufgrund ihrer Bedeutung vor (z.B. Wareneingang), während oder nach dem Herstellungsprozeß auf ihre korrekte Ausprägung hin untersucht (geprüft) werden müssen und damit zu Prüfmerkmalen werden.

Weder Qualitäts- noch Prüfplanung können derzeit vollständig automatisiert durchgeführt werden. Die Rolle eines rechnerunterstützten Qualitätssicherungssystems beschränkt sich hierbei also im wesentlichen auf unterstützende und informationsbereitstellende Funktionen.
Allerdings sind die an die Prüfplanung gestellten organisatorischen Anforderungen dermaßen vielschichtig und komplex, daß die entsprechende Funktionalität möglichst flexibel aufgebaut sein muß, um allen Situationen gerecht zu werden. Dies erfordert eine sehr differenzierte Datenstruktur, die dem Benutzer in praktikabler Weise dargeboten werden muß.

5.5.12.1 Qualitätspunkt, Prüfpunkt und Prüfplan

Hierzu werden zwei neue Begriffe eingeführt (vgl. Bild 53):

♦ Der *"Qualitätspunkt"* beschreibt einen Ort bzw. einen Zeitpunkt innerhalb des Produktentstehungsprozesses, an welchem verifizierende Arbeitsschritte (Prüfungen) durchzuführen sind (z.B. WE, AFO n, WA, Reklamation).

♦ Der *"Prüfpunkt"* beschreibt die spezifischen Bedingungen, unter welchen diese Verifizierungen durchzuführen sind. Er stellt ein n-tupel dar, aus
  - dem Lieferanten, von welchem das Teil/Material stammt,
  - der Maschine, auf welcher es im vorliegenden Qualitätspunkt bearbeitet wird,
  - dem Kunden, für den das Teil bzw. das Produkt vorgesehen ist und
  - der Prüfart, welche, bezogen auf die übrigen drei Charakteristika, besondere Bedingungen für die Prüfung beschreibt
  (z.B. Erstmusterprüfung, Anfahrbetrieb, Störfall, Normalbetrieb etc.).

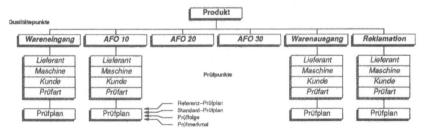

Bild 53: Datenmodell zur Prüfplanung   AFO = Arbeitsfolge (aus PPS-System)

Die Qualitätspunkte sind einem Produkt bzw. einem Teil zugeordnet und können, falls eine entsprechende Kopplung realisiert ist, direkt aus der Informationsstruktur des PPS-Systems übernommen werden. Eine AFO (Arbeitsfolge) ist diejenige Bearbeitungsstufe, in welcher oder nach welcher eine Prüfung durchzuführen ist.
Jedem Qualitätspunkt können n Prüfpunkte zugeordnet werden, die sich jeweils aus einer bestimmten Kombination des Quadrupels Lieferant-Maschine-Kunde-Prüfart ergeben. Diese vier Kriterien sind ausschlaggebend für die Ausprägung einer Prüfung. Der Wert des Quadrupels stellt praktisch den (Identifikations- bzw. Such-) Schlüssel für einen zugeordneten Prüfplan dar,

d.h. jedem Quadrupel ist genau ein Prüfplan zugeordnet, der die Einzelwerte des Quadrupels hinsichtlich der durchzuführenden Prüfungen berücksichtigt (vgl. Bild 54).

Bild 54:   Anordnungsbeziehungen

Bei der Erstellung eines Prüfplanes werden die einzelnen Prüfschritte, die an einem Qualitätspunkt durchzuführen sind, definiert. Ein Prüfschritt besteht dabei aus einem Prüfmerkmal mit zugehörigen Informationen oder aus einer Folge zu prüfender Merkmale, deren Ergebnisse mit Hilfe eines Algorithmus' zu einem Prüfmerkmalsergebnis zusammengefaßt werden.
Beispiel: Das Prüfmerkmal V = "Volumen des Blockes" ergibt sich durch Anwendung des Algorithmus V = B x H x T aus den Prüfergebnissen der Merkmale B="Breite", H="Höhe" und T="Tiefe".

Um dem Prüfplaner die Arbeit zu erleichtern, können mehrere häufig benötigte Prüfschritte und Algorithmen zu einer Prüffolge zusammengefaßt werden, die dann komplett in einen Prüfplan übernommen werden kann.

Bei gleichartigen Teilen, d.h. Teilen, für welche die gleichen Prüfungen durchgeführt werden müssen, können Standard–Prüfpläne angelegt werden, die bei der Erstellung eines neuen Prüfplanes komplett übernommen und dann eventuell ergänzt oder abgeändert werden. Dies ist insbesondere bei der Variantenfertigung von Bedeutung.

Neben den Standard–Prüfplänen können sogenannte Referenz–Prüfpläne erstellt werden, die ebenfalls bei der Erstellung eines neuen Prüfplanes übernommen werden.
Referenz–Prüfpläne unterscheiden sich jedoch von Standard–Prüfplänen dahingehend, daß sie lediglich als "Referenz" übernommen werden und damit im zu erstellenden Prüfplan nicht verändert werden können.
Ein Referenz–Prüfplan existiert nur einmal und kann dadurch zentral gepflegt werden.
Wird dieser Referenz–Prüfplan geändert, so wirkt sich dies automatisch auf alle Prüfpläne aus, in welchen dieser Referenz–Prüfplan (als Referenz) enthalten ist.
Referenz–Prüfpläne werden z.B. für Normteile angelegt. Wenn sich die Norm, z.B. bezüglich der Sollwerte verändert, so wird diese Veränderung durch die Anpassung des Referenz–Prüfplanes in allen Prüfplänen automatisch berücksichtigt.

5.5.12.2 Planung des Prüfumfanges

Um den von einer Zeit oder von Mengen/Stückzahlen abhängigen Entnahme– bzw. Prüfzeitpunkt sowie die Menge der zu prüfenden Teile bzw. des Materials zu definieren, gibt es, je nach Fertigungs– und Prüfausprägung mehrere Möglichkeiten, die sich auf folgende Angaben zurückführen lassen:

- ♦ Zeitkonstante T (Zahlenwert),
- ♦ Zeiteinheit E_T (z.B. Minute, Stunde, Schicht, Tag etc.),
- ♦ Wiederholfaktor W (Zahlenwert),
- ♦ Bezugseinheit des Wiederholfaktors E_W
- ♦ Menge M (Zahlenwert) und
- ♦ Bezugseinheit der Menge E_M (z.B. Teil, Los, Auftrag, Charge, Lieferung etc.).

Die Tabelle in Bild 55 zeigt die für verschiedene Ausprägungen einer Prüfung notwendigen Angaben (Beispiele).

			T	E_T	W	E_W	M	E_M
100%-Prüfung	alle Teile prüfen					1	Teil	1	Teil
	von jedem Los alle Teile prüfen					1	Los	n	Teil
	jede Charge prüfen (z.B. Temperatur)					1	Charge	1	Charge
Stichprobe	alle 5 Minuten 3 Teile prüfen		5	Minute				3	Teil
	jedes 8-te Teil prüfen					8	Teil	1	Teil
	alle (pro) 100 Teile 10 Teile prüfen					100	Teil	10	Teil
	alle Teile jedes 2-ten Loses prüfen					2	Los	n	Teil
	von jedem 3. Los 10 Teile prüfen					3	Los	10	Teil
	von jedem Auftrag 1 kg prüfen					1	Auftrag	10	kg
	von jeder 3-ten Charge 100 gr. prüfen					3	Charge	100	gr
	von jeder Tonne 2 kg. prüfen					1	Tonne	2	kg
SPC	alle 30 Minuten 5 Teile prüfen		30	Minute				5	Teil
	jede Stunde 200 gr. prüfen		1	Stunde				200	gr
Freie Prüfung	es sind 150 Teile zu prüfen							150	Teil
Fliegende Prüfung	jede Stunde 1 Teil prüfen		1	Stunde				1	Teil

Bild 55: Definition des Prüfumfanges durch die Angaben T, E_T, W, E_W, M und E_M

Die Angabe n bei der Menge M bedeutet, daß die aktuelle Anzahl bzw. Menge bei der Prüfauftragsgenerierung auf Basis der (PPS–) Auftragsdaten eingesetzt wird und sich entweder aus der Fertigungsmenge (Stückzahl, Losumfang) direkt oder über einen Stichprobenplan und eventuell eine entsprechende Dynamisierung (z.B. im Wareneingang) ergibt.

5.5.12.3 Prüfmittelplanung

Zu jedem Prüfschritt des Prüfplanes muß ein Prüfmittel angegeben werden.
Dies wird für den Prüfplaner durch folgende Vorgehensweisen (vgl. Bild 56) erleichtert:

- Prüfmittel werden (in der Prüfmittelverwaltung) einer Prüfmittelklasse (z.B. Längenmessung) zugeordnet, aus welcher sich die Eignung für bestimmte Messungen ergibt. Bei jedem zu prüfenden Merkmal wird die Einheit der Ausprägung angegeben. Aus dieser Einheit ergibt sich eine Prüfmittelklasse.

- Bei jedem Prüfmittel wird ein Meßbereich (z.B. 0,1 – 30 mm) angegeben, innerhalb dessen das Prüfmittel eingesetzt werden kann.
  Aus dem Sollwert eines Prüfmerkmales läßt sich damit die Anzahl der innerhalb der definierten Prüfmittelklasse vorhandenen Prüfmittel auf jene einschränken, die sich für den zu messenden (Soll–) Wert eignen.

- Jedes Prüfmittel besitzt eine Meßgenauigkeit, die bei der Prüfmittelverwaltung erfaßt wird. Durch die Angabe zugelassener Toleranzen der Ausprägung eines Prüfmerkmals um den Sollwert, wird die Anzahl in Frage kommender Prüfmittel weiter eingeschränkt.

- Bei der Ausgabe von Prüfmitteln wird festgehalten, an welchem Prüfplatz bzw. –ort das Prüfmittel zum Einsatz kommt. In vielen Unternehmen werden Prüfmittel dauerhaft an einen Prüfort 'ausgeliehen' und können daher als an diesem Ort vorhanden angesehen werden. Durch die Angabe des Prüfortes für ein Merkmal steht nun fest, ob das aus obigen Angaben resultierende benötigte Prüfmittel am vorgesehenen Prüfort bereits vorhanden ist. Falls dies nicht der Fall ist, wird bei einer späteren Prüfauftragsgenerierung automatisch eine Prüfmittelanforderung (z.B. bei der Prüfmittelausgabe) generiert (vgl. Bild 49).

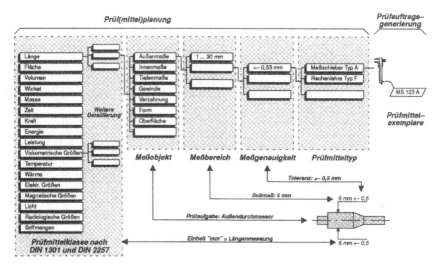

Bild 56: Zusammenhang zwischen Prüfmittelverwaltung und Prüfmittelplanung

Bei der Prüfauftragsgenerierung wird abgeprüft, ob ein Exemplar des benötigten Prüfmitteltyps am Prüfort vorhanden ist.

Wenn mehrere Exemplare eines Prüfmittels zur Verfügung stehen, so kann automatisch ein anderes Exemplar ausgewählt und zur Ausgabe angewiesen werden. Ansonsten wird über die Angaben der Prüfmittelklasse und des Meßbereichs ein Alternativprüfmittel vorgeschlagen.

Bei der Prüfauftragsgenerierung werden die Informationen aus der Prüfmittelüberwachung berücksichtigt, so daß z.b. kein Prüfmittelexemplar für eine Prüfung eingeplant wird, welches z.b. zur Kalibrierung ansteht.

5.5.13 Qualitätsprüfungen

Bei Vorliegen eines Prüfanlasses, also dem Start einer Fertigung, einem Wareneingang oder auch einer manuell angesetzten Prüfung, wird die Prüfauftragsgenerierung durch die Übertragung bzw. Eingabe der aktuellen Auftragsdaten (Teilenummer, Stückzahlen/Mengen, Bearbeitungsorte/AFOs, Kunde/Lieferant etc.) angestoßen. Hierbei wirkt sich die Struktur der Qualitätspunkte (siehe Abschnitt 5.5.12.1) günstig aus, da die PPS-Daten direkt übernommen und im Prüfauftrag abgebildet werden können.

Aus den Auftragsdaten ergeben sich Qualitäts- und Prüfpunkte und damit die zu verwendenden Prüfpläne für alle Bearbeitungs- bzw. Prüfschritte des anstehenden Auftrages (siehe Bild 57). Der im Prüfplan relativ (über Stichprobenpläne) angegebene Prüfaufwand wird anhand der realen Fertigungsmenge und, bei Wareneingangsprüfungen, über die Qualitätshistorie des Lieferanten zu einem absoluten Aufwand (z.B. Stichprobenumfang) berechnet.

Ein Prüfauftrag enthält alle bezüglich einer AFO durchzuführenden Prüfungen. Diese sind eventuell an unterschiedlichen Prüforten (z.B. in einem Labor) durchzuführen. Daher werden, synchronisiert mit dem über BDE gemeldeten Fertigungs- und Prüffortschritt (Fertigungssteuerung), die (von mehreren Prüfaufträgen) auf einen Prüfort entfallenden Prüfungen in Form eines sogenannten "QS-Auftrages" an den jeweiligen Prüfort geschickt, an dem sie dann in einer vom Prüfer abzurufenden "Liste offener Aufträge" erscheinen.

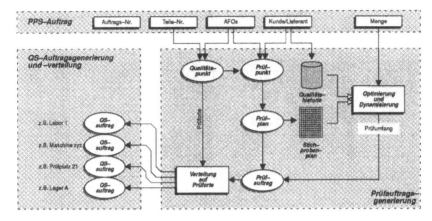

Bild 57: Generierung von Prüf- und "QS"-Aufträgen

Der erreichbare Automatisierungsgrad dieser Abläufe ist stark von der Kommunikation mit dem PPS–System und der Fertigungssteuerung/Betriebsdatenerfassung abhängig, so daß die wichtigsten automatisierbaren Funktionen auch manuell durchgeführt oder angestoßen werden können. Wenn der Prüfer einen der offenen Aufträge 'anmeldet', so erhält der Auftrag den Status "in Arbeit" und die Funktion "Prüfung steuern" übernimmt die gesamte Kontrolle über die Prüfdurchführung. In Bild 58 sind die wichtigsten Elemente der ersten drei Ebenen des Funktionsblockdiagrammes (FBD) für die Funktion "Prüfung steuern" gezeigt.

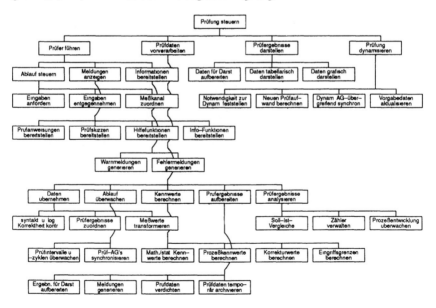

Bild 58: Funktionsblockdiagramm der Funktion "Prüfung steuern"

Im übrigen unterscheiden sich die Funktionen zur Durchführung von Qualitätsprüfungen nicht wesentlich von jenen marktüblicher CAQ–Systeme, die ja die Forderungen der Norm DIN ISO 9001 im Bereich der Prüfungen ohnehin nahezu vollständig erfüllen.

5.5.14 Qualitätsbezogene Kosten

Wie bereits erwähn, werden die qualitätsbezogenen Kosten üblicherweise in Prüfkosten, Fehlerkosten und Fehlerverhütungskosten eingeteilt. Was die genaue Zuordnung sowie Möglichkeiten der Erfassung qualitätsbezogener Kosten betrifft, herrscht jedoch allgemein noch große Unsicherheit. Es soll und kann daher nicht Gegenstand dieser Arbeit und nicht Bestandteil eines rechnerunterstützten Qualitätssicherungssystems sein, eine zweite Schiene der betrieblichen Kostenrechnung zu definieren bzw. zu implementieren.

Vielmehr sind es die Aufgaben eines solchen Systems,

- die Möglichkeit zu schaffen, zeitliche (Vorgabezeiten) und monetäre (Kostensätze) bzw. faktorielle (Kosten– bzw. Zeitfaktoren) Vorgabedaten für alle Arten qualitätsbezogener Funktionen und Tätigkeiten anzugeben und

- der betrieblichen Kostenrechnung alle Informationen zurückzuliefern, welche für Erfassung, Berechnung, Analyse und Zuordnung qualitätsbezogener Kosten notwendig sind.

Für den Bereich der *Prüfkosten* können daher für jeden Prüfarbeitsgang eine Sollzeit (bei Bedarf aufgeschlüsselt in Rüst–, Prüf– und Verteilzeit), ein Kostensatz (absolut oder relativ), ein Kostenfaktor und eine Kostenstelle angegeben werden. Durch das An– und Abmelden von Prüfungen kann bei vielen (nicht bei allen) Prüfungsarten die Istzeit ermittelt werden, die ebenfalls als Information zur Verfügung steht.

Durch die eindeutige Definition eines Prüfmittels für einen Prüfarbeitsgang, verbunden mit Kostenangaben für das jeweilige Prüfmittel (in der Prüfmittelverwaltung), können auch Kosten für den Einsatz von Prüfmitteln erfaßt werden. Dies ist insbesondere bei größeren Prüfmitteln sinnvoll, deren Einsatz tatsächlich mit nicht zu vernachlässigenden Aufwendungen verbunden ist.

Je nach vorhandener Organisation der betrieblichen Kostenrechnung, können diese Angaben in unterschiedlicher Zusammensetzung verwendet werden und reichen aus, um Prüfkosten zu planen und auszuwerten.

Fehlerkosten, die während der Produktion, z.B. durch Ausschuß, Nacharbeit, Zusatzarbeitsgänge oder Sortierprüfungen anfallen, können lediglich in Zusammenarbeit mit der Fertigungssteuerung bzw. Betriebsdatenerfassung über entsprechende Stückzahlen und zusätzlich generierte Aufträge erfaßt werden.

Im Gegensatz zu Prüfungen in Qualitätspunkten der Produktion und des Wareneingangs, sind Prüfungen in Qualitätspunkten der Reklamation nicht den Prüf–, sondern den Fehlerkosten zuzuordnen.

Im übrigen sind Fehlerkosten aus dem Bereich der Reklamationen (über dieses System) nur schwer zu erfassen, da die diesbezüglichen Aufgaben und Tätigkeiten die Funktionen des rechnerunterstützten Qualitätssicherungssystems kaum tangieren.

Eine Ausnahme bilden hier Projekte, die aufgrund von Reklamationen initiiert und mit den Funktionen des Projektmanagements geplant und gesteuert werden. Hier, und dies kommt für Planung und Erfassung von *Fehlerverhütungskosten* ebenfalls zum Einsatz, können Aktivitäten innerhalb eines Projektes mit ähnlichen zeit– und kostenbezogenen Vorgaben versehen werden, wie dies bei Prüfarbeitsgängen möglich ist.

Istzeiten und –kosten können hier jedoch nicht über Betriebsdatenerfassung oder Fertigungssteuerung erfaßt werden und müssen explizit angegeben werden.

6 Bewertung der Ergebnisse und Zusammenfassung

6.1 Rahmenbedingungen

Der Wettbewerb ist schärfer geworden und die Qualität ist an höchste Priorität gerückt. Qualität kann jedoch nur dann wirtschaftlich realisiert werden, wenn Aufbau- und Ablauforganisation in einem Unternehmen optimiert und aufeinander abgestimmt sind.
Dies ist verbunden mit der Optimierung und Rationalisierung von Einzelprozessen, die aufeinander aufbauen, sich gegenseitig mit Informationen versorgen und sich, teils sequentiell, teils parallel, zum Unternehmensgesamtprozeß zusammenfügen.

Die wirtschaftliche Realisierung der Qualität von Produkten und Dienstleistungen bedingt die Vermeidung von Fehlern anstelle ihrer Entdeckung und damit den kombinierten und aufeinander abgestimmten Einsatz geeigneter Methoden und Verfahren der präventiven Qualitätssicherung und der Dokumentation von Vorgaben und Ergebnissen im Sinne der Konservierung und Bereitstellung bereits vorhandenen Wissens.

Neben der Qualität der Produkte richtet sich das Augenmerk zunehmend auf die Qualität der Organisation eines Unternehmens, als Grundlage und Befähigung zur Sicherstellung der Produktqualität. Diese qualitätsfähige Organisation, das Qualitätssicherungssystem, ist Gegenstand der Normenreihe DIN ISO 9000 ff., welche zur neutralen Bewertung und Zertifizierung des Qualitätssicherungssystem angewandt wird.

Rechtliche Rahmenbedingungen, wie z.B. das Produkthaftungsgesetz, zwingen Unternehmen, die Qualität ihrer Produkte und Dienstleistungen systematisch sicherzustellen, um wirtschaftliche Nachteile durch Regressansprüche zu vermeiden. Daneben stellt der Imageverlust durch mangelnde Qualität einen nicht oder nur sehr schwer quantifizierbaren Faktor dar, von dem der Unternehmenserfolg maßgeblich abhängig ist.

Für die Rationalisierung und Effizienzsteigerung qualitätsrelevanter Tätigkeiten im Unternehmen durch rechnerunterstützte Lösungen stellt die moderne Hardware-, Software- und Kommunikationstechnik die notwendigen technischen Mittel zur Verfügung.
Die Qualitätssicherung hält Methoden und Verfahren zur Planung, Durchführung und Überwachung der Qualität in fast allen Phasen des Produktlebenszyklus' bereit.
In entsprechenden Normen sind die Elemente eines Qualitätssicherungssystems und die Forderungen an die Durchführung der Qualitätssicherung beschrieben.

Diese Rahmenbedingungen waren Ausgangspunkt und Beweggrund für die Entwicklung des rechnerunterstützten Qualitätsmanagementsystems.

6.2 Realisierungsaspekte

Das beschriebene Software-Modell für ein rechnerunterstütztes Qualitätssicherungssystem wurde am Fraunhofer-Institut für Produktionstechnik und Automatisierung (IPA) entwickelt und wird derzeit von einem Software-Haus, das seit 1980 standardisierte Anwendungssoftware für die Bereiche Qualitätssicherung (CAQ) und Laborautomation (LIMS) entwickelt und vertreibt, realisiert.

Die Software basiert auf Software-Werkzeugen (generische Module, Software der 4. Generation), die es erlauben, Anwendungsfunktionen und deren Oberfläche flexibel zu generieren. Die wichtigsten Kriterien (Forderungen) bei der Konzeptentwicklung waren:

- Berücksichtigung aller wesentlichen Normen (DIN ISO 9000 ff., EN 29000 ff.) /49/-/60/ sowie anerkannter Firmennormen und -Leitlinien, z.B. /67/-/69/.
- Repräsentative Basisfunktionalität für LIMS- und CAQ-Systeme für alle Industriebereiche auf Basis der vorhandenen Software-Werkzeuge.
- Dem Stand der Technik entsprechende Funktionalität und Ergonomie.
- Zukunftsorientierte Systemplattformen (Hardware, Betriebssysteme, Datenbanken, Benutzeroberflächen, Kommunikations- und Integrationsstrukturen).
- Schaffung der Grundlage für normenkonforme LIMS- und CAQ-Systeme, die auditierbar und zertifizierbar sind.
- Integration präventiver Qualitätssicherungsmethoden und -verfahren (z.B. Fehlermöglichkeits- und -einflußanalyse, Quality Function Deployment, etc.) als Grundlage geschlossener Regelkreise.
- Hohe Integrationsfähigkeit in CIM-Landschaften durch flexible Schnittstellen zu anderen CAx-Komponenten.

Damit ist es auf dem Gebiet der Qualitätssicherung zum ersten Mal gelungen, konventionelle Methoden und Verfahren in einem rechnerunterstützten System durch Funktionalitäten zu ergänzen, die dem neuen, erweiterten Qualitätsbegriff Rechnung tragen, moderne Hardware-, Software- und Kommunikationsstandards konsequent zu nutzen und ein offenes System zu schaffen, welches sich in vorhandene und zukünftige CA-Umgebungen integrieren läßt.

Auf der Basis der o.g. Kriterien geht das rechnerunterstützte Qualitätssicherungs- und -informationssystem in folgenden Punkten weit über den heutigen Stand der Technik und damit über die Funktionalität markterhältlicher Systeme hinaus:

- Die Funktionalität deckt auch die besonderen Anforderungen ab, die in Unternehmen der Prozeßindustrie gestellt werden.
- Daneben deckt es die Anforderungen von Unternehmen ab, in welchen Produkte hergestellt werden, die sowohl kontinuierliche als auch diskrete Fertigungsprozesse durchlaufen.
- Die Benutzeroberfläche ist sowohl funktional als auch terminologisch anpaßbar.
- Das System unterstützt neben den üblichen CAQ-Funktionen insbesondere auch (präventive) Methoden des Quality Engineering.
- Es sind Funktionen realisiert, die in marktgängigen CAQ-Systemen nicht vorhanden sind, wie z.B. Produkt- und Prozeßentwicklung, Kundendienst und Service.
- Das System läßt sich durch flexible und parametrisierbare Schnittstellen sehr einfach in bestehende CIM-Konzepte integrieren.

- Das System ist, ausgehend von einem Grundumfang, so ausgelegt, daß Unternehmen genau die Module des Systems einsetzen können, die den spezifischen Aufgabenstellungen innerhalb des Unternehmens entsprechen, ohne sich damit den Weg zu verstellen, später weitere Module zu integrieren, um geänderten und erweiterten Anforderungen Rechnung zu tragen.

- Trotz definierter Grundfunktionalität bleibt ein großes Maß an Flexibilität in bezug auf die Parametrisierbarkeit des Systems gewahrt, um eben diese Grundfunktionalität an die speziellen Bedürfnisse der Kunden anpassen zu können.

- Mit dem System wird eine durchgängige funktionale und datentechnische Verbindung zwischen den einzelnen Funktionalitäten realisiert.
  So können z.B. Daten aus dem Kundendienst direkt in die Risikobewertung der FMEA und dann wiederum in die teilautomatisierte Prüfplanung einfließen.

- Die Konformität des Systems im Hinblick auf bestehende Normen stellt sicher, daß das System sich harmonisch in ein Qualitätssicherungssystem gemäß DIN ISO 9000 ff. einfügt und zudem über Möglichkeiten und Hilfsmittel verfügt, um diesbezügliche interne oder externe Audits durchführen zu können.

Das System beinhaltet in den allgemeinen CAQ–Bereichen bekannte und bewährte Verfahren und Methoden, die jedoch an die speziellen Bedürfnisse und Anforderungen der verschiedenen Anwenderkreise angepaßt sind. Beispiele hierfür sind die Prüfmittelverwaltung und –überwachung, Prüfplanerstellung, Prüfauftragsgenerierung und –verwaltung sowie Prüfsteuerung. Diese Funktionen sind (in CAQ–Systemen) in ihrer heutigen Form anerkannt und praxisgerecht und müssen daher nicht von Grund auf neu konzipiert werden. Zudem können hierfür bereits existierende Software–Bausteine verwendet werden, die lediglich an die o.g. Kriterien anzupassen sind.

Hinzu kommen präventive und planerische Qualitätssicherungsfunktionen, welche ihren Schwerpunkt in der Unterstützung der Methode selbst (z.B. statt reiner Textverarbeitung bei FMEA und QFD) sowie in der gegenseitigen Nutzung ihrer Daten haben.

Das System ist modular und flexibel aufgebaut, um sowohl kleinen und mittleren Unternehmen, als auch größeren Firmen, zu erlauben, ein individuell gestaltetes System zu konfigurieren. Es fokussiert damit auf folgende Zielgruppen:

- Kleinere Unternehmen:
  Durch die modulare Konzeption des Systems soll es auch kleineren Firmen mit eingeschränktem Anforderungsprofil möglich sein, Teilkomponenten praxisgerecht einzuführen.

- Mittelständische Anwender in allen Industriebereichen:
  Mit geringem Dienstleistungsaufwand (Anforderungsdefinition, spezifische Implementierung, anwenderbezogene Wartung und Pflege, Beratung) soll in kurzer Zeit ein normenkonformes LIMS– bzw. CAQ–System eingeführt werden können.

- Größere Anwender, Konzerne:
  Für mehrere Werke bzw. Konzernbereiche, im Idealfall konzernweit, soll unter Einsatz der umfangreichen Kommunikationsmechanismen eine einheitliche Lösungsplattform für spezifische und normenkonforme LIMS– bzw. CAQ–Systeme geschaffen werden.

6.3 Möglichkeiten und Grenzen des Modells

Der Software-technischen Umsetzung des Modells sind durch die grundsätzlich zur Verfügung stehenden leistungsfähigen Hardware-, Software-, Betriebssystem-, Datenhaltungs- und Kommunikationsmöglichkeiten keine Grenzen gesetzt.
Für den Einsatz der Software beim Anwender müssen allerdings gewisse Voraussetzungen, wie Rechner ausreichender Leistungsfähigkeit, geeignete Datenendgeräte sowie Kommunikationsstrukturen (Netze), erfüllt sein.

Viele Funktionen der Software, insbesondere im Bereich der Qualitätssicherungsmethoden, sind so konzipiert, daß sie ihren vollen Nutzen nur dann erbringen, wenn auch die Methoden selbst zweckbestimmt und effektiv eingesetzt werden. Manche Funktionen (z.b. Prüfmittelverwaltung und -überwachung) setzen die Durchführung organisatorischer Maßnahmen im Unternehmen (z.b. Inventarisierung und Kennzeichnung aller Prüfmittel) voraus, ohne die der Einsatz der Funktionalität, eventuell auch in Zusammenhang mit anderen Funktionen (z.b. Prüfmittelplanung in der Prüfplanung), nicht möglich ist.

Insbesondere im Bereich der Methoden und Verfahren des Quality Engineering wurden Funktionen gemäß eines allgemein anerkannten Methoden- bzw. Verfahrensstandards (z.b. VDA-Formular bei der FMEA) realisiert. Damit wird einem Benutzer, der diese Methode in anderer Weise anwenden möchte (z.b. Bosch-Formular), der implementierte Standard aufgezwungen, was zu Akzeptanzproblemen führen könnte.

Anforderungen, Voraussetzungen und Einsatzcharakteristika für ein rechnerunterstütztes Qualitätssicherungssystem sind in jedem Unternehmen verschieden. Durch große Funktionsflexibilität, weitreichende Parametrisierungsmöglichkeiten, Funktions- und Software-Modularisierung sowie Hardware- und Betriebssystemunabhängigkeit wurde versucht, diesen unterschiedlichen Rahmenbedingungen Rechnung zu tragen.
Einige Elemente einer Software lassen sich jedoch nicht beliebig parametrisieren, so daß sicher nicht alle denkbaren Anwendungsmöglichkeiten abgedeckt sind.

Die hohe Anpaßbarkeit an die Bedürfnisse des Anwenders bringt in bezug auf die Wartung und Pflege der Software sowie die Dokumentation einige Schwierigkeiten mit sich, da bei mehreren installierten Systemen nach einer anwenderspezifischen Konfigurierung kein System mehr dem anderen vollständig gleicht. Diese Situation soll zukünftig durch dialoggeführte und damit nachvollziehbare Parametrisierung entschärft werden, indem eine spezielle Installation mit Hilfe von Wartungsprogrammen jeweils auf die Grundkonfiguration zurückgeführt und von dieser aus gepflegt werden kann.

Die Kopplung des Systems mit anderen innerbetrieblichen DV-Systemen ist ein bilaterales Problem, d.h. die Mechanismen, die zur Abwicklung der Kommunikation notwendig sind, müssen in den anzukoppelnden DV-Systemen ebenfalls vorhanden sein.
Der heute vorhandene, vielfach sehr veraltete, Software-Bestand der Unternehmen läßt an dieser Stelle Schwierigkeiten erwarten. Durch die Realisierung anerkannter oder bereits genormter Kommunikations- und Datenstandards, nach welchen sich zukünftig auch andere DV-Systeme richten werden, stellt das rechnerunterstützte Qualitätssicherungssystem jedoch eine zukunftssichere Lösung dar.

Die konsequente Ausrichtung der Software-Struktur auf Modularisierung und Schichtenprinzip, unter detaillierter Definition der Schnittstellen, ermöglicht es, einzelne Elemente der Software sehr einfach an neue Gegebenheiten anzupassen, ohne die übrigen Teile verändern zu müssen.

6.4 Nutzen und Wirtschaftlichkeit

Die qualitätssichernden Aufgaben im Unternehmen sind in den letzten Jahren immer umfangreicher geworden. Die Information hat als Führungsinstrument und im Bereich der Qualitätssicherung zur Qualitätsplanung und -lenkung einen größeren Stellenwert erhalten. Diese Entwicklungen haben dazu geführt, daß große Datenmengen anfallen, die gehandhabt, archiviert, ausgewertet und verteilt werden müssen.
Dies ist ohne den Einsatz rechnerunterstüzter Lösungen nicht mehr sinnvoll möglich.
Zudem eröffnen sich wertvolle Möglichkeiten der Informationsauswertung erst mit dem Einsatz von Rechnern, da sie sehr rechenintensiv sind oder sich auf große Datenmengen bzw. unterschiedliche Daten beziehen.
Das rechnerunterstützte Qualitätssicherungssystem stellt damit in den Bereichen operationeller Tätigkeiten und Auswertungen ein großes Rationalisierungspotential zur Verfügung, welches um zusätzliche, nicht manuell durchführbare Funktionen ergänzt wird.

Methoden und Verfahren der (präventiven) Qualitätssicherung werden sowohl methodisch als auch informationstechnisch, z.B. durch die Bereitstellung vorhandenen Wissens, unterstützt und damit in ihrer Durchführung erleichtert und effektiver gestaltet. Die durch Anwendung fehlervermeidender Methoden erreichbare Reduzierung des Fehlleistungsaufwandes (Fehlerkosten) sowie die Reduzierung der Prüfkosten durch effektivere Planungs- und Durchführungsmöglichkeiten sowie durch verbesserte Nutzung und Auslastung von Prüfeinrichtungen und Personalressourcen, lassen sich direkt quantifizieren (vgl. Bild 59).
Die informationstechnische Kopplung verschiedener, punktuell angewandter, Methoden eröffnet darüber hinaus neue Möglichkeiten der kombinierten Betrachtung und Verwendung von Informationen zur Qualitätsplanung und -lenkung. Umfassende, genaue und bereichsübergreifende Daten über die Produktqualität sind die Basis für gezielte Qualitätsverbesserungsmaßnahmen.

Die Qualitätssicherung als bereichsübergreifende Aufgabe ist auf Informationen aus verschiedenen Bereichen des Unternehmens angewiesen und stellt gleichzeitig wichtige Informationen zur Verfügung. Durch die Rechnerunterstützung, verbunden mit geeigneten Kommunikationsmechanismen, wird dieser Informationsaustausch stark vereinfacht, zeitaktueller gestaltet und in vielen Fällen im Sinne einer Bringschuld institutionalisiert. Zudem bietet die Rechnerunterstützung die Möglichkeit, Daten aus anderen Bereichen in eigene Funktionen zu integrieren, was bei manuellem Austausch nur sehr umständlich möglich ist und deshalb oft unterbleibt.

Das CAQ-System als Bestandteil eines Qualitätssicherungssystems ist Gegenstand von (internen und externen) Auditierungen und der Zertifizierung gemäß bestehender Qualitätssicherungsnormen. Viele Abläufe, die definiert und dokumentiert werden müssen, werden durch die Funktionalität des rechnerunterstützten Qualitätssicherungssystems repräsentiert, unterstützt und in die vorgegebenen Bahnen gelenkt. Dadurch werden solche Abläufe sehr einfach erkennbar und für die Mitarbeiter des Unternehmens, aber auch für den Auditierenden transparent und nachvollziehbar.

Der Einsatz eines rechnerunterstützten Qualitätssicherungssystems verbessert die Qualität der Produkte nicht direkt. Durch die damit verbundene Rationalisierung der Tätigkeiten wird jedoch Zeit eingespart, die für andere, z.B. präventive Maßnahmen, Schulung und Planung, verwendet werden kann. Die problembezogene Auswertung und Darstellung komplexer Informationen stellt eine wertvolle Basis für die frühzeitige Erkennung von Trends und damit für ein effektives Qualitätsmanagement dar.

In Bild 59 sind die wichtigsten Vorteile von rechnerunterstützten Lösungen für die Qualitätssicherung aufgezeigt. Dabei fällt auf, daß die meisten Vorteile nicht oder nur schwer quantifizierbar sind, was eine detaillierte Wirtschaftlichkeitsbetrachtung sehr schwer macht.

Allgemeine Vorteile	
Verbesserte Marketing- und Vertriebsinformation	☐
Flexible und schnelle Reaktion auf Marktveränderungen	☐
Senkung der Qualitätskosten	■
Beherrschung der steigenden Produktkomplexität	☐
Bildung eines modernen Firmenimages	☐
Sicherung der Marktposition	☐
Verbesserung der Wettbewerbsfähigkeit	☐
Zufriedenere Kunden	☐
Bessere Reaktion auf Kundenanforderungen	☐

Kapazitätsvorteile	
Glättung der Kapazitätsauslastung bei Qualitätsprüfungen	◨
Vermeidung bzw. rechtzeitiges Erkennen von Engpässen (Personal, Prüfeinrichtungen)	☐
hohe Auslastung von Prüfeinrichtungen	■
optimale Nutzung von Personalressourcen	☐
kontinuierliche On-line-Optimierung des Produktionsprozesses	☐
kurzfristige Reaktion auf Änderungen im Produktionsprozeß	☐
Bereitstellung der benötigten Prüfmittel (Zeitpunkt, Art, Menge)	◨

Vorteile hinsichtlich Zeitverbrauch und Terminen	
Senkung der Prüfzeiten	■
Vermeidung von Wartezeiten	◨
Exakte Terminaussagen	☐
Schnelle Reaktion auf Eilaufträge	☐
Reduzierung des Zeitaufwandes in der Planungsphase	■

Vorteile im Hinblick auf die Produktqualität	
Verbesserung der Produktqualität	☐
Reproduzierbare Produktqualität	☐
Umfassende und genaue Daten über die Produktqualität	☐

Vorteile für die innerbetriebliche Informationsstruktur	
Exakte, transparente und komfortable Aussage über den Stand der Qualität	☐
Mehr und aktuellere Informationen	☐
Exakte Erfassung der Qualitätskosten	◨
Exakte und aktuelle Informationen für die Angebotsphase	☐
Zeitnahe und transparente Führungsinformationen	☐
Vermeidung von fehlerhaften Dateneingaben	◨
höhere Datensicherheit	☐
Aufbau von Strukturen, die immer wieder die gleichen Grunddaten generieren und damit Mehrfacharbeit leisten	☐
Eindämmung des Informationsflusses per Beleg	☐
Papierarme Qualitätssicherung	☐
Vereinfachte Datenhandhabung	☐
Schaffung eines durchgängigen Informationsflusses	☐
Verbindung vorhandener Informationsinseln	☐
Abbau von Informationsschranken zwischen den Unternehmensbereichen	☐
Datentechnische Verknüpfung aller Unternehmensbereiche (inkl. kaufmännische und Verwaltungsstellen)	☐

■ quantifizierbar   ◨ nur schwer quantifizierbar   ☐ nicht quantifizierbar

Bild 59: Vorteile von CAQ–Systemen (in Anlehnung an /91/)

Verschiedene Veröffentlichungen, darunter auch Erfahrungsberichte, besagen, daß die Einführung eines CAQ–Systems frühestens nach zwei bis drei Jahren quantifizierbare Einsparungen erbringt. Dann nämlich, wenn sich die Anschaffungskosten amortisiert haben und die Organisation vollständig von der manuellen auf die neue rechnerunterstützte Durchführung von Funktionen, Tätigkeiten und Aufgaben umgestellt ist.
Die Einführung eines CAQ–Systems ist damit eine langfristige Investition, eine Investition in die Zukunft.

6.5 Zusammenfassung

Die im Zuge des Taylorismus realisierte starke Arbeitsteilung hat sich für den Bereich der Qualitätssicherung sehr ungünstig ausgewirkt, da sie hier nur in wenigen Fällen die mit der Arbeitsteilung und der damit einhergehenden Spezialisierung beabsichtigte Rationalisierung gebracht hat. Anstelle einer Arbeitsteilung hat hier vielmehr eine Aufteilung der Verantwortung stattgefunden, die zwangsläufig dazu geführt hat, daß die Verantwortlichkeit für die Qualität der Produkte und Dienstleistungen einem ganz bestimmten Bereich des Unternehmens, dem Qualitätswesen, zugewiesen und damit von den die Qualität wirklich beeinflussenden Bereichen abgezogen wurde.

Diese Aufteilung der Arbeit, der Verantwortungen und damit auch des Verantwortungsbewußtseins hat sich dann sowohl in der Aufbau- und Ablauforganisation der Unternehmen, als auch in den im Laufe der Jahre eingesetzten rechnerunterstützten Methoden und Verfahren, den Ca-Systemen, niedergeschlagen.

Erst das in den letzten Jahren entstandene neue Qualitätsbewußtsein hat mit seinen Rahmenbedingungen, wie erweiterter Produkt- und Produzentenhaftung, Konzentration auf die Systemanstelle der reinen Produktqualität, der gestiegenen Komplexität der Produkte und der damit verbundenen Abhängigkeit des Menschen von ihnen, dazu geführt, daß die zuvor auf das Qualitätswesen konzentrierte Qualitätsverantwortung wieder auf die einzelnen Bereiche und sogar Mitarbeiter des Unternehmens verteilt wurde und die Qualitätssicherung als unternehmensweite Aufgabe verstanden wird.

Die hierzu notwendigen Zusammenhänge in bezug auf die Aufbau- und Ablauforganisation des Unternehmens wurden in den Normen (DIN) ISO 9000 ff. bzw. EN 29000 ff. recht detailliert, jedoch trotzdem produkt- und weitgehend branchenunabhängig beschrieben. Diese Normen stellen hohe Anforderungen an die Führung und die Gesamtorganisation des Unternehmens und sind zur Grundlage, d.h. zur Meßlatte, für die Zertifizierung von Qualitätssicherungssystemen als vertrauensbildende Maßnahme gegenüber den Kunden sowie als Marketinginstrument geworden.

Die hohen Ansprüche basieren zum Großteil auf der Verfügbarkeit und Nutzbarkeit unternehmesweiter Information, auf der Dokumentation aller qualitätsrelevanter Organisationselemente und dem systematischen Einsatz geeigneter Methoden und Verfahren zur Sicherstellung kontinuierlicher und nachvollziehbarer Qualität in allen Phasen des Produktlebenszyklus'.

Diese Entwicklungen machen es notwendig, die Unternehmensorganisation und die Unternehmenskultur konsequent auf Qualität auszurichten und alle Unternehmensprozesse hinsichtlich ihrer Durchführung und der entstehenden Ergebnisse zu optimieren und zu rationalisieren. Dies ist im Bereich der qualitätssichernden Aufgaben und Funktionen sinnvoll und effektiv nur noch durch den intelligenten und vernetzten Einsatz rechnerunterstützter Lösungen möglich.

Momentan stehen die meisten Unternehmen vor einer ganzen Reihe von Problemen: Die vorhandenen arbeitsteiligen Strukturen müssen zugunsten einer unternehmensumfassenden Qualitätsverantwortung aufgebrochen werden, qualitätsrelevante Aufgaben und Organisationselemente müssen gemäß der Vorgaben aus den o.g. Normen gestaltet und (wo dies sinnvoll und notwendig ist) dokumentiert werden, der Wertewandel bzw. Paradigmenwechsel, der mit Philosophien, wie Lean Management, Lean Production, Total Quality Management, humanzentrierter Organisation statt bedingungsloser Automatisierung, konsequenter Kundenorientierung usw. einhergeht, muß hinsichtlich der Unternehmensorganisation nachvollzogen werden.
Neben soziologischen und sozialen Komponenten basiert diese neue Ausrichtung ganz wesentlich auf der funktionalen und informationstechnischen Kooperation nahezu aller Unternehmensbereiche. Hier werden jedoch Probleme deutlich, die aus der ebenso arbeitsteilig ausgerichteten Infrastruktur in bezug auf rechnerunterstützte Systeme resultiert.

Im Bereich der klassischen Qualitätssicherung haben sich sogenannte CAQ–Systeme etabliert, die jedoch ebenso lediglich die elementaren Funktionen dieses Aufgabenbereiches abdecken, wie andere Systeme, wie z.B. PPS, CAD/CAM, betriebswirtschaftliche CA–Systeme usw. nur auf die Aufgaben des jeweiligen Bereiches ausgerichtet sind. In bezug auf die Realisierung eines unternehmensweiten, bereichsübergreifenden rechnerunterstützten Qualitätsmanagements sind damit aus funktionaler, methodischer und informationstechnischer Sicht enge Grenzen gesetzt.

Im Rahmen der vorliegenden Arbeit wurde daher das Konzept (Modell) eines rechnerunterstützten Qualitätsmanagementsystems entwickelt, welches diese Grenzen durch folgende Eigenschaften und Merkmale durchbricht:

- Die weitgehende Unabhängigkeit von speziellen Hardware– und Software–Plattformen erlaubt die Übertragbarkeit (Portierung) auf nahezu jedes Rechnersystem. Die vorgesehenen Kommunikationsmechanismen und Datenhaltungskonzepte basieren zwar auf bestimmten Betriebssystem– bzw. Datenbankausprägungen, sind jedoch durch die Anwendung des Client–Server–Prinzips und einer diesbezüglichen Parametrisierbarkeit trotzdem flexibel an andere Plattformen anpaßbar (5.2).

- Die (Software–)Systemarchitektur (5.4) ist durch ihre strikte Modularisierung und die konsequente Einhaltung des Schichtenprinzips sehr transparent und flexibel, so daß sowohl die unternehmensspezifische Konfiguration bzw. Anpassung, als auch die Erweiterung durch neue, erweiterte Funktionalitäten jederzeit leicht möglich ist.

- Die funktionale und informationstechnische Kopplung der einzelnen Software–Module erlaubt eine aufgaben– und bereichsübergreifende Bereitstellung und Nutzung vorhandenen Wissens. Sowohl Informationsdefizite, als auch Informations– und Datenredundanzen werden dadurch weitgehend vermieden.

- Systemübergreifende Kommunikation (5.5.3) und Informationsbereitstellung (5.5.6) stellen Hilfsmittel für eine effektive und auf Informationen aus allen Unternehmensbereichen basierende Qualitätsplanung und –lenkung zur Verfügung.

- Spezielle Funktionen für die Dokumentation des Qualitätssicherungssystems (5.5.4) erfüllen zum einen die Anforderungen der Qualitätsnormen und sichern darüber hinaus die Aktualität und Pflegbarkeit der Dokumentation, ihre Bereitstellung in allen Unternehmensbereichen und realisieren durch die Verknüpfung verschiedener Informationen die Funktionalität eines qualitätsbezogenen Organisationsinformationssystems.

- Die Bereitstellung von Verfahren und Hilfsmitteln des Projektmanagement (5.5.5) für die Planung, Durchführung und Überwachung kurz– und längerfristiger Maßnahmen im Rahmen der Produktentwicklung, der Fehlerursachenermittlung, des Kundendienstes und der Durchführung interner Qualitätsaudits fördert einen systematischen Qualitätsverbesserungsprozeß.

- Methoden– und funktionsübergreifende Mechanismen des Fehlermanagements (5.5.7) stellen die Erfassung von Fehlern über alle Phasen des Produktlebenszyklus' hinweg sicher und erlauben eine globale Betrachtung und Auswertung von Fehlern, deren Ursachen und geeigneter Abstellmaßnahmen.

- Funktionen des Lieferantenmanagements (5.5.8) bieten Mechanismen zur Einbeziehung von Lieferanten in die qualitätsbezogenen Regelkreise des Unternehmens, zur Auswahl und (Erst–)Beurteilung von Lieferanten und zur langfristigen Überwachung ihrer Qualitätsfähigkeit.

- Funktionen zur Planung, Durchführung, Dokumentation und Auswertung interner Qualitätsaudits (5.5.9) tragen den diesbezüglichen Forderungen der Normen (DIN) ISO 9000 ff. bzw. EN 29000 ff. Rechnung.

- Die umfangreichen Funktionen der Prüfmittelüberwachung und -verwaltung (5.5.10) entsprechen, geeignete organisatorische Maßnahmen vorausgesetzt, ebenfalls den Forderungen der o.g. Normen und realisieren zudem im Rahmen der Prüfmittel(einsatz)planung eine enge Verbindung zur Prüfplanung, z.B. durch automatische Prüfmittelauswahl.

- Die Integration präventiver Methoden und Verfahren des Quality Engineering (5.5.11), wie Fehlermöglichkeits- und -einflußanalyse, Quality Function Deployment und Reliability Growth Testing ermöglicht die frühzeitige Entdeckung und Vermeidung von Fehlern an Produkten und Prozessen und damit die Einsparung hoher Kosten und die Vermeidung von Regressansprüchen.

- Eine umfassende Basisfunktionalität in bezug auf die klassischen rechnerunterstützten Aufgaben der Qualitätssicherung, wie Prüfplanung (5.5.12), Prüfdatenerfassung (5.5.13) und Prüfmittelverwaltung und -überwachung (5.5.10) stellt die Erfüllung der operationellen QS-Aufgaben sicher.

- Ein neues hierarchisches Prüfplanungskonzept (5.5.12) ermöglicht die direkte Anbindung an die Produktionsplanung und schafft durch weitgehende Vereinheitlichung prüfungsrelevanter Vorgaben eine große Transparenz und aufgabenorientierte Bedienbarkeit. Zudem werden hierbei die besonderen Belange der kontinuierlichen bzw. gemischt diskret-kontinuierlichen Fertigung berücksichtigt.

- Die Funktionalität zur Organisation und Durchführung von Qualitätsprüfungen (Prüfauftragsgenerierung und Prüfsteuerung, 5.5.13) hängt eng mit dem hierarchischen Konzept der Prüfplanung zusammen und ermöglicht so die funktionale und datentechnische Integration in den Fertigungsablauf.

- Bei allen Funktionen des rechnerunterstützten Qualitätsmanagementsystems sind Möglichkeiten zur Vorgabe und Erfassung qualitätsbezogener Kosten (5.5.14) auf der Basis von Kostenstellen- und Kostenträgerstrukturen vorgesehen.

Das vorgestellte Modell stellt somit die Realisierung der Normenforderungen von (DIN) ISO 9000 ff. bzw. EN 29000 ff. in Form eines rechnerunterstützten Systems in Verbindung mit anderen innerbetrieblichen CA-Systemen dar. Dies wurde erreicht durch die Identifikation und gezielte Einbeziehung partieller Anforderungserfüllungen der Normen durch bestehende CA-Systeme, die Realisierung anerkannter Funktionen der klassischen rechnerunterstützten Qualitätssicherung, die Entwicklung neuer Konzepte (z.B. hierarchische Prüfplanung, Dokumentationssystem, interne Audits), die Integration präventiver Methoden und Verfahren sowie von Funktionen des Projektmanagements und durch die konsequente Ausnutzung der Möglichkeiten moderner Hardware-, Software-, Datenhaltungs- und Kommunikationskonzepte.

Es ist damit gelungen, die Forderungen der o.g. Normen hinsichtlich einer qualitätsorientierten Aufbau- und Ablauforganisation im Unternehmen dort wo dies sinnvoll und möglich erschien, in Form der Funktionalität eines offenen rechnerunterstützten Systems zu realisieren, welches durch seine Kommunikationsmöglichkeiten bereits vorhandene CA-Systeme und deren qualitätsbezogene Funktionalität einbezieht.
Sowohl durch die konzeptionell erweiterte Realisierung bekannter Funktionen, als auch durch neue funktionale Konzepte, die Anwendung moderner Technologien und die sehr stark im Vordergrund stehende Kommunikations- und Integrationsfähigkeit wurde damit ein System realisiert, welches weit über den heutigen Stand der Technik hinausgeht.

Als rechnerunterstütztes Hilfsmittel des Qualitätsmanagements wird es aufgrund der besonderen Berücksichtigung der Normenforderungen zu dem, was es eigentlich sein muß: zu einem integralen Bestandteil eines normenkonformen und zertifizierfähigen Qualitätsmanagementsystems.

7 Verzeichnisse

7.1 Verzeichnis der aus DIN ISO 9001 abgeleiteten Forderungen

4.1	**Verantwortung der obersten Leitung**	
4.1.1	Qualitätspolitik	– Festlegung und Dokumentation verbindlicher Ziele und Grundsätze zur Verpflichtung des Unternehmens zur Qualität – Sicherstellung der Bekanntmachung, des Verständnisses und der Beachtung dieser Qualitätsgrundsätze auf allen Ebenen des Unternehmens
4.1.2	Organisation	
4.1.2.1	Verantwortungen und Befugnisse	– Festlegung der Verantwortung, der Befugnisse und der gegenseitigen Beziehungen der Mitarbeiter aller Unternehmensbereiche und -ebenen, in bezug auf qualitätsrelevante Funktionen und Tätigkeiten und unter Berücksichtigung notwendiger (organisatorischer) Unabhängigkeiten
4.1.2.2	Mittel und Personal für die Verifizierung	– Planung und Festlegung von Verifizierungsfunktionen (Prüfungen, Überwachungen) bezüglich aller an der Produktentstehung beteiligter Prozesse bzw. deren Ergebnisse – Bereitstellung angemessener Mittel und ausgebildeten Personals für diese Funktionen
4.1.2.3	Beauftragter der obersten Leitung	– Ernennung eines Qualitätsbeauftragten, der Verantwortung und Befugnisse besitzt, um für die ständige Erfüllung der Normenforderungen zu sorgen
4.1.3	Review des Qualitätssicherungssystems durch die oberste Leitung	– Regelmäßige Bewertung des QSS sowie Dokumentation und Aufbewahrung der Review-Ergebnisse
4.2	**Qualitätssicherungssystem**	– Einrichtung, Dokumentation und Aufrechterhaltung eines Qualitätssicherungssystems mit Beschreibung aller angewandter QS-Verfahren – Bekanntmachung und Verwirklichung dieser Verfahren
4.3	**Vertragsüberprüfung Marketing**	– Festlegung, Dokumentation und Verwirklichung von Verfahren zur Überprüfung aller Unterlagen, die zum Bestandteil eines Vertragsverhältnisses mit dem Auftraggeber werden – Dokumentation und Aufbewahrung der Ergebnisse dieser Verfahren
4.4	**Designlenkung**	
4.4.2	Design- und Entwicklungsplanung	– Erstellung von Plänen mit der Festlegung von Verantwortungen für jede Design- und Entwicklungstätigkeit samt zugehöriger Verifizierung sowie deren Dokumentation – Aktualisierung dieser Pläne entsprechend dem Entwicklungsfortschritt
4.4.2.1	Zuordnung der Tätigkeiten	– Planung aller Design- und Verifizierungstätigkeiten sowie Zuordnung zu qualifiziertem Personal und Bereitstellung angemessener Mittel
4.4.2.2	Organisatorische und technische Schnittstellen	– Feststellung organisatorischer und technischer Schnittstellen zwischen betroffenen Gruppen – Dokumentation, Übermittlung und regelmäßige Überprüfung der erforderlichen auszutauschenden Informationen
4.4.3	Designvorgaben	– Feststellung und Dokumentation von Designvorgaben sowie deren Überprüfung hinsichtlich Angemessenheit – Klärung unvollständiger, unklarer oder sich widersprechender Forderungen mit verantwortlichen Stellen
4.4.4	Designergebnis	– Dokumentation und zweckmäßige Darstellung des Designergebnisses – Inhaltliche Forderungen an das Designergebnis
4.4.5	Designverifizierung	– Planung, Festlegung und Dokumentation der Tätigkeiten der Designverifizierung (z.B. Designreviews, Qualifikationsprüfungen, alternative Berechnungen, Designvergleiche) sowie Übertragung dieser Tätigkeiten an dazu befähigtes Personal
4.4.6	Designänderungen	– Festlegung, Dokumentation, Überprüfung und Genehmigung aller Designänderungen und -modifikationen

4.5	**Lenkung der Dokumente**	
4 5 1	Genehmigung und Herausgabe von Dokumenten	– Einführung und Aufrechterhaltung von Verfahren zur Überprüfung, Genehmigung, Herausgabe, Verteilung und Einziehung aller zum QS–System gehörender (Vorgabe–) Dokumente und deren Inhalte (ausgenommen Qualitätsaufzeichnungen)
4 5 2	Änderungen/Modifikationen von Dokumenten	– Verfahren zur Änderung und Pflege der in 4 5 1 genannten Dokumente

4.6	**Beschaffung**	
4 6.2	Beurteilung von Unterlieferanten	– Verfahren und Sicherstellung ihrer Anwendung zur Auswahl und Überwachung von Unterlieferanten sowie zur Dokumentation dieser Funktionen
4 6 3	Beschaffungsangaben	– Verfahren zur Dokumentation, Überprüfung und Freigabe von Beschaffungsunterlagen, die das Produkt eindeutig beschreiben
4 6 4	Verifizierung von beschafften Produkten	– Ermöglichung der Verifizierung beschaffter Produkte durch den Auftraggeber des Produktbeschaffers

4.7	**Vom Auftraggeber beigestellte Produkte**	– Verfahren zur Verifizierung, Lagerung und Instandhaltung von vom Auftraggeber beigestellten Produkten – Dokumentation und Information des Auftraggebers bei Verlust, Beschädigung oder sonstiger Unbrauchbarkeit des beigestellten Produktes

4.8	**Identifikation und Rückverfolgbarkeit von Produkten**	– wo zweckmäßig Einführung und Aufrechterhaltung von Verfahren für die eindeutige Zuordnung von Produkten zu den zugehörigen Produktunterlagen während aller Phasen der Produktion, Lieferung und Montage – wo verlangt oder notwendig Verfahren für die unverwechselbare Identifikation (mit Dokumentation) des einzelnen Produktes oder der Charge/des Loses

4.9	**Prozeßlenkung (in Produktion und Montage)**	– Festlegung und Planung aller Fertigungs– und Montageprozesse sowie Sicherstellung der Durchführung unter beherrschten Bedingungen
4 9 2	Spezielle Prozesse	– Verfahren zur Sicherstellung der Beherrschung spezieller Prozesse durch besondere (präventive) Maßnahmen

4.10	**Prüfungen**	
4 10 1	Eingangsprüfungen	
4 10 1 1	Sicherstellung der Verwendung ausschließlich verifizierter zugelieferter Produkte	– Planung, Festlegung und Sicherstellung der Durchführung von Eingangsprüfungen zur Vermeidung der Verwendung oder Verarbeitung nicht verifizierter zugelieferter Produkte
4 10 1 2	Vorzeitige Freigabe zugelieferter Produkte in dringenden Ausnahmefällen	– Verfahren für die vorläufige Freigabe und Identifikation nicht (vollständig) verifizierter zugelieferter Produkte für eine dringende Produktion sowie Dokumentation dieser Freigabe
4 10 2	Zwischenprüfungen	– Planung, Festlegung, Dokumentation und Sicherstellung der Durchführung von Zwischenprüfungen (samt Identifikation) sowie Dokumentation der Ergebnisse – Zurückhalten des Produktes bis zur vollständigen Durchführung der geforderten Verifizierung – Identifikation fehlerhafter Produkte (–> 4 13)
4 10 3	Endprüfungen	– Planung, Festlegung, Dokumentation und Sicherstellung der Durchführung von Endprüfungen – Sicherstellung der vorherigen Durchführung aller geforderten Eingangs– und Zwischenprüfungen – Identifikation fehlerhafter Produkte (–> 4 13)
4 10 4	Prüfaufzeichnungen	– Einführung und Aufrechterhaltung von Verfahren zur Dokumentation von Qualitätsprüfungen (Qualitätsnachweisführung)

4.11	Prüfmittel	– Verfahren zur Auswahl, Überwachung, Kalibrierung und Instandhaltung eigener, ausgeliehener und vom Auftraggeber beigestellter Prüfmittel und -vorrichtungen
4.12	Prüfstatus	– Verfahren und Maßnahmen zur Identifikation des Prüfstatus' von Produkten, soweit nötig in allen Phasen der Produktion und Montage, zur Kennzeichnung der (Nicht-) Erfüllung der Qualitätsanforderungen – Dokumentation der für die Freigabe der die Qualitätsanforderungen erfüllenden Produkte zuständigen Prüfstelle
4.13	**Lenkung fehlerhafter Produkte**	
4.13.1	Überprüfung und Behandlung fehlerhafter Produkte	– Verfahren zur Lenkung fehlerhafter Produkte in bezug auf Identifikation, Aussonderung, Bewertung, Dokumentation, Weiterbehandlung und Benachrichtigung betroffener Stellen – Festlegung entsprechender Verantwortungen und Befugnisse
4.14	Korrekturmaßnahmen	– Einführung, Dokumentation und Aufrechterhaltung von Verfahren zur Realisierung von Fehlerursachenanalyse, zur Veranlassung von Maßnahmen zur Fehlerbeseitigung, von Überwachungsmaßnahmen sowie zur Anwendung von Maßnahmen zur Fehlerverhütung
4.15	**Handhabung, Lagerung, Verpackung und Versand**	Einführung, Dokumentation und Aufrechterhaltung von Verfahren und zweckmäßigen Mitteln
4.15.2	Handhabung	– zur Sicherstellung, daß die Produktqualität nicht durch Handhabungsvorgänge vor, während und nach der Produktion gemindert wird
4.15.3	Lagerung	– zur einwandfreien Lagerung von Rohmaterial, Halbfertig- und Fertigprodukten durch Bereitstellung geeigneter Lagerbereiche, klarer Regelungen für Ein- und Auslagerung sowie regelmäßige Beurteilung des Produktzustandes während der Lagerung
4.15.4	Verpackung	– für Verpackungs-, Schutz- und Kennzeichnungs- und Identifikationsmaßnahmen aller Produkte
4.15.5	Versand	– zur Sicherstellung, daß Produkte in einwandfreiem Zustand an ihren Bestimmungsort gelangen
4.16	**Qualitätsaufzeichnungen**	– Verfahren zur Identifikation, Sammlung, Indexierung, Ordnung, Aufbewahrung/Speicherung, Pflege und Bereitstellung, leichten Wiederauffindbarkeit und Schutz von Qualitätsaufzeichnungen, die dem Nachweis der Erfüllung von Qualitätsanforderungen bzw. der wirkungsvollen Funktionsweise des QSS dienen
4.17	**Interne Qualitätsaudits**	– Einführung eines Systems, (zeitlich) geplanter und dokumentierter interner Qualitätsaudits zur Verifizierung der Wirksamkeit und ordnungsgemäßen Durchführung geplanter und geforderter qualitätsrelevanter Tätigkeiten sowie zur Bewertung der Wirksamkeit des QS-Systems – Dokumentation und Bekanntmachung (bei betroffenen Stellen) der Ergebnisse solcher Audits sowie, falls notwendig, Veranlassung geeigneter Korrekturmaßnahmen
4.18	Schulung	– Verfahren zur Ermittlung des Schulungsbedarfes von Mitarbeitern – Verfahren zur Durchführung von Schulungsmaßnahmen – Dokumentation durchgeführter Schulungen
4.19	Kundendienst	– Verfahren zur Ausführung des Kundendienstes sowie zur Überprüfung der Erfüllung diesbezüglich festgelegter Forderungen
4.20	Statistische Methoden	– wenn zweckmäßig Einführung und Dokumentation geeigneter statistischer Verfahren zur Prüfung der Eignung von Prozessen und Produktmerkmalen
6	**Wirtschaftlichkeit – Überlegungen zu qualitätsbezogenen Kosten**	– Einführung, Aufrechterhaltung und Dokumentation eines Qualitätskostenrechnungssystems zur (betriebswirtschaftlichen) Bewertung der Wirksamkeit des Qualitätssicherungssystems zur Erlangung von Entscheidungsgrundlagen für die Festlegung von Fehlerverhütungs- und allgemeinen Verbesserungsmaßnahmen

7.2 Verzeichnis der verwendeten Abkürzungen

A	Auftretenswahrscheinlichkeit (bei der FMEA)
ACSE	Association Control Service Element
ADIMENS^{TM}	Produktbezeichnung, Relationale Datenbank
ANSI	American National Standards Institute
AQL	Acceptable Quality Level
ASCII	American Standard Code for Information Interchange
AWF	Ausschuß für Wirtschaftliche Fertigung e.V., Eschborn
B	Kennzahl für die Bedeutung eines Fehlers (bei der FMEA)
BDE	Betriebsdatenerfassung
BGB	Bürgerliches Gesetzbuch
BMFT	Bundesminister für Forschung und Technologie
BMW	Bayrische Motorenwerke AG
CAD	Computer Aided Design, rechnerunterstützte Zeichnungserstellung
CAE	Computer Aided Engineering
CAM	Computer Aided Manufacturing, rechnerunterstützte Fertigung
CAO	Computer Aided Office
CAP	Computer Aided Planning, rechnergestützte Planungsmethoden
CAQ	Computer Aided Quality Control/Assurance, Rechnerunterstützte Qualitätssicherung
CAQ–System	Hardware–/Software–System zur rechnerunterstützten QS
CAx	Computer Aided ....
CE	Concurrent Engineering
CIM	Computer Integrated Manufacturing
CNC	Computerized Numerical Control
CODASYL	Conference on Data System Languages, Datenbankstandard
CPU	Central Processing Unit, Zentraleinheit
CSMA/CD	Carrier Sense Multiple Access with Collision Detect
DB	Datenbank
dB–IV^{TM}	Produktbezeichnung, Relationale Datenbank
DEC	Digital Equipment Corporation, Computerhersteller
DEE	Datenendeinrichtung
DFÜ	Datenfernübertragung
DGQ	Deutsche Gesellschaft für Qualität e.V.
DIN	Deutsches Institut für Normung
DNC	Distributed Numerical Control
DOE	Design of Experiments, Statistische Versuchsplanung
DOS^{TM}	Disk Operating System, Betriebssystem (MicroSoft Corporation)
DV	Datenverarbeitung
DÜE	Datenübertragungseinrichtung
E	Entdeckungswahrscheinlichkeit (bei der FMEA)
EDI	Electronic Data Interchange
EDIFACT	Electronic Data Interchange for Administration, Commerce & Transport
EDV	Elektronische Datenverarbeitung
EG	Europäische Gemeinschaft
e–mail	Electronic Mail
FA	Funktionsanalyse
FAX	Telefax
FBA	Fehlerbaumanalyse

FBD	Funktionsblockdiagramm
FDM	Field Data Management
FHA	Fault Hazard Analysis, Ausfallgefahrenanalyse
FSB	Funktionsstammbaum
FTA	Fault Tree Analysis
FMEA	Fehlermöglichkeits- und -einflußanalyse (Failure Mode and Effects Analysis)
FMECA	Failure Mode, Effects and Criticality Analysis
FTAM	File Transfer, Access and Management
GewO	Gewerbeordnung
GLP	Good Laboratory Practice
GMP	Good Manufacturing Practice
HEMEA	Human Error Mode- and Effects Analysis
HGB	Handelsgesetzbuch
HW	Hardware
IBM	International Business Machines, Computerhersteller
Ident	Identifikationsnummer, -code, -kennzeichen
IEEE	Institute of Electrical and Electronics Engineers
IEMEA	Information Error Mode- and Effect Analysis
IGES	Initial Graphic Exchange Specification
INGRES^{TM}	Produktbezeichnung, Relationale Datenbank
IPA	Institut für Produktionstechnik und Automatisierung
ISO	International Organization for Standardization
JIT	Just-in-Time
KCIM	Kommission Computer Integrated Manufacturing
K-FMEA	Konstruktions-FMEA, (Fehlermöglichkeits- und -einflußanalyse)
LAN	Local Area Network, Lokales Datennetz
LIMS	Laborinformationssystem
LIQUID	Links and Interfaces for Quality Information and Data
MA	Mitarbeiter
MAP	Manufacturing Automation Protocol
MBit/s	Megabit pro Sekunde
Mbps	Million Bit per second
MDE	Maschinendatenerfassung
MHS	Message Handling Specification
MIL-STD	Military Standard
MMS	Manufacturing Message Specification
MTBF	Mean Time Between Failures
MTTF	Mean Time To Failure
NC	Numeric Control
o.g.	oben genannt
OHA	Operating Hazard Analysis, Bedienungsgefahrenanalyse
ORACLE^{TM}	Produktbezeichnung, Relationale Datenbank
OSI	Open Systems Interconnection
PC	Personal Computer
PC-Netz	Personal Computer, durch Datennetz miteinander verbunden
P-FMEA	Prozeß-FMEA (Fehlermöglichkeits- und -einflußanalyse)
PHA	Preliminary Hazard Analysis, Gefahrenanalyse
PM	Projektmanagement oder auch Prüfmittel
PMS	Projektmanagementsystem

PMÜ	Prüfmittelüberwachung
PMV	Prüfmittelverwaltung
PPS	Produktionsplanungs- und Steuerungssystem
ProdHaftG	**Produkthaftungsgesetz**
QDE	Qualitätsdatenerfassung
QDES	Quality Data Exchange Specification
QE	Quality Engineering
QFD	Quality Function Deployment
QM	Qualitätsmanagement, Quality Management
QS	Qualitätssicherung
QSH	Qualitätssicherungshandbuch
QSS	Qualitätssicherungssystem
RCT	Reliability Conformance Testing
RdB^{TM}	Produktbezeichnung, Relationale Datenbank
RGM	Reliability Growth Management
RPZ	Risikoprioritätszahl, Kennzahl bei der FMEA
SA	Systemanalyse
SADT	Structured Analysis and Design Technique
SE	Simultaneous Engineering
SET	Standard d'Exchange et de Transfer
SPC	Statistical Process Control, Statistische Prozeßregelung
SPS	Speicherprogrammierbare Steuerung
STEP	Standard for the Exchange of Product Model Data
StGB	Strafgesetzbuch
SW	Software
TOP	Technical and Office Protocol
TQM	Total Quality Management
TQC	Total Quality Control oder auch Total Quality Culture
TTM	Time to Market
UNIX^{TM}	Betriebssystem
u.U.	unter Umständen
u.v.a.m.	und viele(s) andere mehr
VA	Value Analysis, Wertanalyse
VDA	Verband der Automobilindustrie e.V.
VDA-FS	VDA-Flächenschnittstelle
VDE	Verband Deutscher Elektrotechniker
VDI	Verein Deutscher Ingenieure e.V.
VE	Value Engineering
vgl.	vergleiche
VMS^{TM}	Betriebssystem (Digital Equipment Corporation, DEC)
WA	Wertanalyse
WE	Wareneingang
WGC	Work Group Computing
ZBD	Zuverlässigkeitsblockdiagramm
z.B.	zum Beispiel
z.Zt.	zur Zeit
ZVEI	Zentralverband der Elektrotechnischen Industrie

7.3 Verzeichnis der Literaturquellen

/1/	Akao, Y.	History of Quality Function Deployment in Japan. In: Department of Industrial Engineering, Tamagawa University, Tokyo, S. 183–196
/2/	AWF	(Ausschuß für wirtschaftliche Fertigung e.V.), AWF–Empfehlung: Integrierter EDV–Einsatz in der Produktion, CIM – Computer Integrated Manufacturing, Eschborn, 1985
/3/	Bobbert, D.	Qualität als Wettbewerbsfaktor, Vortrag im Rahmen des Seminars "Qualität – Herausforderung für die Zukunft", CIM–TTZ am Institut für Werkzeugmaschinen und Fertigungstechnik der Universität Braunschweig, 1991
/4/	Bullinger, H.–J. Fröschle, H.–P. Hofmann, J.	Multimedia – Von der Medienintegration über die Prozeßintegration zur Teamintegration. In: Office Management 6/92, S. 6–13, FBO–Verlag, Baden–Baden, 1992
/5/	Burghardt, M.	Projektmanagement. Herausgeber und Verlag: Siemens Aktiengesellschaft, Berlin und München, 1988
/6/	Dittmer, H.	Datenbankgestützte Informationsverarbeitung in der Fertigung. in: TECHNICA 19/1989, S. 42–45
/7/	Dolch, K. Winterhalder, L.	EDV–Unterstützung für Qualitätssicherungssysteme gemäß DIN ISO 9000 bis 9004. Qualität und Zuverlässigkeit (QZ), 36(1991), Heft 4, S. 229–231, Carl Hanser Verlag, München, 1991
/8/	Donat, S., Münich, M.–A.:	FMEA praxisgerecht planen und durchführen; Qualität und Zuverlässigkeit QZ 36 (1991) 3, Carl Hanser Verlag
/9/	Duane, J.T.	Learning Curve Approach to Realiability Monitoring, IEEE Trans. Aerospace, Vol. 2, 1964, S. 563 – 566
/10/	Ebeling, J.:	Methodik der Qualitätssicherung; Vortragsmanuskript, 11. Europäisches Seminar der EOQC Automotive Section, 24.–26.10.1989, Bad Homburg v.d.H., Interne Schrift der BMW AG
/11/	Ellinger, T. Wildemann, H.	Planung und Steuerung der Produktion aus betriebswirtschaftlich–technologischer Sicht, S. 58, Wiesbaden, 1978
/12/	FQS/DGQ, FKM, VDMA	Aufbau von Qualitätssicherungssystemen in kleinen und mittleren Unternehmen. Maschinenbau Verlag, 1992
/13/	Franke, W. D.	Fehlermöglichkeits– und –einflußanalyse in der industriellen Praxis, Verlag moderne Industrie, Landsberg/Lech 1987
/14/	Geiger, W.	Geschichte und Zukunft des Qualitätsbegriffs Qualität und Zuverlässigkeit (QZ), 37(1992), Heft 1, S. 33–35, Carl Hanser Verlag, München, 1992
/15/	Gimpel, B. Köppe, D.	Normung von Schnittstellen für die Qualitätsicherung. in: CIM Management 1/89, S. 24–26

/16/	Hackstein, R.	Produktionsplanung und –steuerung (PPS), S. 3 ff., Düsseldorf, 1984
/17/	Hahn, R.	Produktionsplanung bei Linienfertigung, S. 374 ff., Berlin und New York, 1972
/18/	Hahn, D. Laßmann, G.	Produktionswirtschaft – Controlling industrieller Produktion Band 1, 2. Auflage, Physica–Verlag Heidelberg, 1990
/19/	Hahn, D. Laßmann, G.	Produktionswirtschaft – Controlling industrieller Produktion Band 2, Physica–Verlag Heidelberg, 1989
/20/	Hahn, D. Schramm, M.	Computerunterstütztes Qualitätsinformationssystem. in: Simultane Produktentwicklung (Hrsg: Scheer, A.–W.), Schriftliche Fassungen der Vorträge zur Tagung der Hochschulgruppe Arbeits– und Betriebsorganisation am 28.06.1991 in Saarbrücken, gfmt, München, 1992
/21/	Hahn, D. Laßmann, G.	Produktionswirtschaft – Controlling industrieller Produktion Band 2, Physica–Verlag Heidelberg, 1989
/22/	Hammer, H.	Integrierte Produktionssteuerung mit Modularprogrammen S. 18 ff., Wiesbaden, 1970
/23/	Höhler, G.	Spielregeln für Sieger. 3. Auflage, ECON Verlag, 1992
/24/	Jacobsson, S.	Electronics and Industrial Policy, The Case of Computer Controlled Lathes, London 1986
/25/	Kalinoski, I.S.	The Total Quality System – Going beyond ISO 9000. in: Quality Progress 6/90, S. 50–54, 1990
/26/	Kamiske, G. Malorny, C.	TQM – ein bestehendes Führungsmodell mit hohen Anforderungen und großen Chancen in: Tagungsband: Die hohe Schule, Total Quality Management, Technische Universität Berlin, 2./3.04.1992
/27/	KCIM im DIN	Fachbericht 15: Normung von Schnittstellen für die rechnerintegrierte Produktion, Beuth Verlag, Berlin, 1987
/28/	Kersten, G.	Steuerung und Unterstützung von Produkt– und Prozeß–Entwicklung durch Methoden der präventiven Qualitätssicherung; Steuerungen, September 1991
/29/	King, B.	Better designs in half the time. In: GOAL/QPC, 13 Branch Steet, Methuan, MA 01844
/30/	Köppe, D.	CAQ–Datenmodell, Anwendungen in der rechnerintegrierten Produktion, Dissertation, Technische Hochschule Aachen, VDI–Verlag, Düsseldorf, 1992
/31/	Kühn, P.J. Pritschow, G.	Kommunikationstechnik für den rechnerintegrierten Fabrikbetrieb. Reihe CIM–Fachmann, Springer–Verlag, Verlag TÜV Rheinland, 1991
/32/	Lübbe, U.	Qualität als Unternehmensphilosophie, in: Flexible Produktionseinrichtungen, Tagungsband der Industrierobotertagung 1991 in Dortmund, Verlag TÜV Rheinland, Köln, 1991

/33/	Lübbe, U.	Methoden und Rechnerunterstützung der Qualitätssicherung, Vortrag im Rahmen des Seminars "Qualitätssicherung für Produkte" der Landesgewerbeanstalt (LGA) Bayern, Nürnberg, 25.03.1992
/34/	Lübbe, U.	Güte im Prozeß – Rechnerunterstützte Qualitätssicherung in den Fertigungsablauf bestmöglich integrieren. in: MM Maschinenmarkt 98(1992)28, S. 20–25, Vogel Verlag, Würzburg, 1992
/35/	Lübbe, U. Jonak, R.	Konzeption und Realisation ganzheitlicher Qualitätssicherungssysteme. Vortrag im Rahmen des Fachsymposiums "Quality Engineering" an der Technova International '92, 3./4.6.1992, Graz, Österreich
/36/	Lübbe, U.	Intelligente CAQ–Integration. Vortrag im Rahmen des Fertigungstechnischen Kolloquiums (FTK) '91, Univeristät Stuttgart, Stuttgart
/37/	Lübbe, U.	Reliability Growth Management, Benutzerhandbuch zum Software–Paket RGM Version 1.4, Fraunhofer–Institut für Produktionstechnik und Automatisierung (IPA), 1992
/38/	Lübbe, U.	CAQ Systems – a functional survey. Conference Proceedings, 9. International Conference of the Israel Society for Quality Assurance, 16–19.11.1992, Jerusalem, Israel
/39/	Lübbe, U.	CAQ–Systems – A Total Quality Management Approach. Conference Proceedings, 2nd Asian Congress on Quality & Reliability, 31.05.–03.06.1993, China Quality Control Association (CQCA), Beijing, China
/40/	Lübbe, U.	CAQ–Systems – Total Quality Management needs Total Information Management. Conference Proceedings, World Congress on Total Quality, 19.–21.01.1993, New Delhi, Indien
/41/	Masing, W. (Hrsg)	Handbuch der Qualitätssicherung. Hanser Verlag, München Wien, 1988
/42/	McMenamin, M. Palmer, J.F.	Strukturierte Systemanalyse. Carl Hanser–Verlag München Wien und Prentice–Hall International Inc., London, 1988
/43/	Mertens, P.	Integrierte Informationsverarbeitung 1 – Administrations– und Dispositionssysteme in der Industrie. 8 Auflage, Gabler Verlag, Wiesbaden, 1991
/44/	N.N.	Database Management: Gateway to CIM American Machinist & Automated Manufacturing, 131(1987)10, S. 81 – 88
/45/	N.N.:	Qualität in Entwicklung und Konstruktion, Organisation – Maßnahmen; Verlag TÜV Rheinland, 2. Auflage, Köln 1989
/46/	N.N.	DIN 1301, Einheiten, Einheitennamen und Einheitenzeichen. Beuth–Verlag, Berlin

/47/	N.N.	DIN 2257, Einteilung von Meßmitteln. Beuth–Verlag, Berlin
/48/	N.N.	VDI–VDE–DGQ 2618, Prüfanweisungen zur Prüfmittelüberwachung. Blatt 1–27, Beuth–Verlag, Berlin
/49/	N.N.	DIN 55350 Teil 11, Begriffe der Qualitätssicherung und Statistik – Grundbegriffe der Qualitätssicherung, Beuth–Verlag, Berlin, 1987
/50/	N.N.	DIN ISO 8402, Qualität – Begriffe. Beuth–Verlag, Berlin, 1989
/51/	N.N.	DIN ISO 9000 / EN 29000, Qualitätsmanagement und Qualitätssicherungsnormen – Leitfaden zur Auswahl und Anwendung, Beuth–Verlag, Berlin, 1990
/52/	N.N.	DIN ISO 9000 Teil 3, Qualitätsmanagement und Qualitätssicherungsnormen – Leitfaden für die Anwendung von ISO 9001 auf die Entwicklung, Lieferung und Wartung von Software. Beuth–Verlag, Berlin, 1991
/53/	N.N.	DIN ISO 9001 / EN 29001, Qualitätssicherungssysteme – Modell zur Darlegung der Qualitätssicherung in Design/Entwicklung, Produktion, Montage und Kundendienst, Beuth–Verlag, Berlin, 1990
/54/	N.N.	DIN ISO 9002 / EN 29002, Qualitätssicherungssysteme – Modell zur Darlegung der Qualitätssicherung in Produktion und Montage, Beuth–Verlag, Berlin, 1990
/55/	N.N.	DIN ISO 9003 / EN 29003, Qualitätssicherungssysteme – Modell zur Darlegung der Qualitätssicherung bei der Endprüfung, Beuth–Verlag, Berlin, 1990
/56/	N.N.	DIN ISO 9004 / EN 29004, Qualitätsmanagement und Elemente eines Qualitätssicherungssystems – Leitfaden, Beuth–Verlag, Berlin, 1990
/57/	N.N.	DIN ISO 9004 Teil 2, Qualitätsmanagement und Elemente eines Qualitätssicherungssystems – Leitfaden für Dienstleistungen. Beuth–Verlag, Berlin, 1992
/58/	N.N.	DIN 25 448, Ausfalleffektanalyse, Beuth–Verlag, Berlin
/59/	N.N.	DIN 25 424, Fehlerbaumanalyse, Beuth–Verlag, Berlin
/60/	N.N.	DIN 25 419, Ereignisablaufanalyse, Beuth–Verlag, Berlin
/61/	N.N.	Programm Qualitätssicherung 1992 – 1996, Bundesministerium für Forschung und Technologie (BMFT), Pressemitteilung 10/92
/62/	N.N.	Bekanntmachung des Bundesministers für Forschung und Technologie über die Förderung eines Verbundprojektes zum Thema Qualitätssicherung, in: Bundesanzeiger Nr. 144, Seite 5207, 06.08.1991
/63/	N.N.	Was der Produktionsingenieur von der Qualitätssicherung wissen muß. Leitfaden zum Thema Qualitätssicherung und Qualitätsmanagement, Verein Deutscher Ingenieure, VDI–Gesellschaft Produktionstechnik (ADB), 1991

/64/	N.N.	Datenverarbeitung in der Konstruktion. Analyse des Konstruktionsprozesses im Hinblick auf den EDV–Einsatz. VDI–Richtlinie 2210 (Entwurf), November 1975, VDI–Verlag, Düsseldorf, 1975
/65/	N.N.	PPS–Fachmann, Band 1, Grundlagen, RKW (Rationalisierungskuratorium der Deutschen Wirtschaft e.V.), Köln, 1987
/66/	N.N.	Rechnerunterstützung in der Qualitätssicherung (CAQ). DGQ–Schrift 14–20, Beuth Verlag, 1987
/67/	N.N.	Leitfaden zur Konstruktions–FMEA, Ausgabe EU162b, Qualitätssicherung Ford Werke AG, Köln 1984
/68/	N.N.	Leitfaden zur Prozeß–FMEA, Ausgabe EU162, Qualitätssicherung Ford Werke AG, Köln 1984
/69/	N.N.	Qualitätsrichtlinie Q101, Leitfaden "Statistische Prozeßregelung", Ford Werke AG, Köln, 1985
/70/	N.N.	MIL–STD–1629A, Procedures for Performing a Failure Mode, Effects and Criticality Analysis
/71/	N.N.	Benutzerdokumentation zum "Wissensbasierten System für die Fehlermöglichkeits– und –einflußanalyse". IPA Stuttgart, Abt. Quality Management, 1992
/72/	N.N.	Benutzerhandbuch zur Version 1.4 des Software–Systems zum Reliability Growth Management. IPA Stuttgart, Abt. Quality Management, 1992
/73/	Rück, R. Stockert, A. Vogel, F.O.	CIM und Logistik im Unternehmen. Carl Hanser Verlag, München, Wien, 1992
/74/	Schaffer, G.–H.	Integrated CA: Closing the CIM–Loop American Machinist & Automated Manufacturing, 129(1985)4, S. 137 – 155
/75/	Scheer, A.–W.	CIM – Der computergesteuerte Industriebetrieb, 4. Auflage, Springer–Verlag, 1990
/76/	Schick, P.:	Systemoptimierung – Grenzen der Versuchsmethoden ergebnisorientiert überschreiten; Qualität und Zuverlässigkeit QZ 35 (1990) 12, Carl Hanser Verlag
/77/	Schloske, A.	Fehlermöglichkeits– und –einflußanalyse (FMEA) – Methodik, Durchführung und Entwicklungstendenzen der FMEA. In: H.–J. Warnecke, K. Melchior, J. Kring; Handbuch Qualitätstechnik, verlag moderne industrie 1990
/78/	Schloske, A.	Marktübersicht: Rechnergestützte FMEA–Systeme (unveröffentlicht), Fraunhofer–Institut für Produktionstechnik und Automatisierung (IPA), 1991
/79/	Schmitt, L.:	Qualitätsmethoden in der Automatikgetriebeentwicklung: Methodik und analytische Verfahren – Teil 1; Automobil Industrie, Getriebeentwicklung

/80/	Seitz, K.	Die japanisch–amerikanische Herausforderung: Deutschlands Hochtechnologie–Industrien kämpfen ums Überleben, Bonn Aktuell, Stuttgart, München, Landsberg 1991
/81/	Sullivan, L.P., Bläsing, J.P.	Quality Function Deployment. In: Praxishandbuch der Qualitätssicherung, Band 4, gfmt–Verlags KG, München, 1988
/82/	VDA	(Verband der Automobilindustrie e.V.): Sicherung der Qualität vor Serieneinsatz. 2. Auflage, Eigenverlag FMEA, Frankfurt/Main, 1986, S. 29–40
/83/	Warnecke, H.–J.	Development of CIM – A European View. in: Computer Applications in Production and Engineering, Proceedings of the Fourth International IFIP TC5 Conference on Computer Applications in Production and Engineering: Integration Aspects CAPE '91, Bordeaux, France, 10.–12.09.1991, North–Holland Verlag, 1991
/84/	Warnecke, H.–J.	Innovative Produktionsstruktur in: Schriftliche Fassung der Vorträge zum Fertigungstechnischen Kolloquium (FTK), 1./2.10.1991, Stuttgart, S. 13–19, Springer–Verlag, 1991
/85/	Warnecke, H.–J.	Der Produktionsbetrieb. Band 1 bis 3, 2. Auflage, Springer–Verlag Berlin, Heidelberg, New York, 1993
/86/	Warnecke, H.–J.	Fraktale Fabrik – ein Ansatz zum Lean Management. in: Lean Management: europäische Antworten auf Japans Erfolgsstrategie, Konferenz, 19./20.05.1992, München, Institute for International Research, Frankfurt/Main, 1992
/87/	Warnecke, H.–J.	Das Konzept der Fraktalen Fabrik. in SMT 5 (1992) Nr. 3, S. 20
/88/	Warnecke, H.–J.	Die Fraktale Fabrik – Revolution der Unternehmenskultur. Springer–Verlag, Berlin, Heidelberg, 1992
/89/	Westkämper, E. (Band–Hrsg) u. a.	CIM–Fachmann: Integrationspfad Qualität. Herausgeber: I. Bey (PFT, Karlsruhe), Springer–Verlag, 1991, Verlag TÜV Rheinland, 1991
/90/	Wiendahl, H.–P.	Betriebsorganisation für Ingenieure. 3. Auflage, Carl Hanser Verlag, München, Wien, 1989
/91/	Wilhelm, H.	CAQ–Strategie. Qualität und Zuverlässigkeit (QZ), 33(1988), Heft 3, S. 147–150, Carl Hanser Verlag, München, 1991
/92/	Zäpfel, G.	Produktionswirtschaft, S. 30 ff., Berlin, New York, 1982
/93/	ZVEI	Rechnerunterstützte Methoden in der Qualitätssicherung. I+K–Forum Nr. 8, Fachverband Informations– und Kommunikationstechnik (FV I+K) im Zentralverband Elektrotechnik– und Elektronikindustrie e.V. (ZVEI), 1992

Lebenslauf

Ulrich Lübbe

Persönliches

09.04.1960 geboren in Wilhelmshaven,
verheiratet seit 1992 mit Iris Maria Lübbe, geb. Sojak
Eltern: Fritz Lübbe und Agnes Lübbe, geb. Höpken

Schulbildung

10.12.1966 – 18.07.1970   Grundschule Bismarckschule Stuttgart-Feuerbach
01.08.1970 – 30.05.1979   Leibniz-Gymnasium Stuttgart-Feuerbach
Abschluß: Abitur

Wehrdienst

01.07.1979 – 14.08.1980   Grundwehrdienst bei 3./FJg.Btl. 750,
Ludwigsburg, Sonthofen, Stuttgart
Letzter Dienstgrad: Feldwebel d.R

Studium

13.10.1980 – 21.07.1987   Studium der Elektrotechnik,
Fachrichtung Ingenieur-Informatik,
an der Universität Stuttgart
14.09.1983:   Vordiplom
21.07.1987:   Diplom

Praktika

18.08.1980 – 10.10.1980   Grundlagenpraktikum I, IBM Deutschland GmbH, Böblingen
09.03.1981 – 10.04.1981   Grundlagenpraktikum II, Daimler Benz AG, Stuttgart
22.09.1981 – 16.10 1981   Werkstudententätigkeit, IBM Deutschland GmbH, Böblingen
23.03.1982 – 16.04.1982   Werkstudententätigkeit, IBM Deutschland GmbH, Böblingen
01.01.1983 – 21.07. 1987   Wissenschaftliche Hilfskraft
am Institut für Nachrichtenvermittlung und Datenverarbeitung der Universität Stuttgart
30.09.1985 – 29.11 1985   Fachpraktikum, Siemens AG, München-Neuperlach

Berufstätigkeit

01.08. 1987 bis heute   Wissenschaftlicher Mitarbeiter am Fraunhofer-Institut für Produktionstechnik und Automatisierung (IPA), Stuttgart
ab 01.08.1987.   wissenschaftlicher Mitarbeiter
(Abt. Techn. Informationsverarbeitung)
ab 01.03.1988.   Forschungsgruppenleiter
(Bereich CAQ-Systeme/SW-Engineering)
seit 01.04 1992   Abteilungsleiter
(Abteilung Quality Management)

Leiter des Fraunhofer-Instituts für Produktionstechnik
und Automatisierung: o. Prof. Dr.-Ing. H.-J. Warnecke

Printed in Germany
by Amazon Distribution
GmbH, Leipzig